职场坎坷学理论

事业成功有军师

轻松快乐不缺钱

爱很多

给年轻人的情商课

THINKING
TRAINING
FOR

# 人情练达

POWER, MONEY
AND
HAPPINESS

# 的学问

李晨 ——————— 著

上海大学出版社

图书在版编目(CIP)数据

给年轻人的情商课：人情练达的学问 / 李晨著.
上海：上海大学出版社，2024.7（2024.8重印）.
ISBN 978-7-5671-5041-6
Ⅰ.B842.6-49
中国国家版本馆 CIP 数据核字第 2024P24K11 号

责任编辑　司淑娴
封面设计　倪天辰
技术编辑　金　鑫　钱宇坤

给年轻人的情商课
**人情练达的学问**
李　晨　著
上海大学出版社出版发行
（上海市上大路 99 号　邮政编码 200444）
（https://www.shupress.cn　发行热线 021-66135112）
出版人　戴骏豪
\*
南京展望文化发展有限公司排版
上海普顺印刷包装有限公司印刷　各地新华书店经销
开本 890mm×1240mm　1/32　印张 9.5　字数 222 千
2024 年 7 月第 1 版　2024 年 8 月第 2 次印刷
ISBN 978-7-5671-5041-6/B·148　定价　55.00 元

版权所有　侵权必究
如发现本书有印装质量问题请与印刷厂质量科联系
联系电话：021-36522998

# 目 录

序一 …………………………………… 001
序二 …………………………………… 001

## 第1章 综合训练 …………………………………… 001

训练1　哪个是百年老店的生意口…………………… 005
训练2　馒头应该怎么吃……………………………… 008
训练3　为什么说"承畴必不死"……………………… 011
训练4　如何应对顾客的赞誉………………………… 013
训练5　柏拉图应该怎么回答………………………… 016
训练6　离婚了财产应该怎么分……………………… 019
训练7　如何吃到更多的羊肉包子…………………… 024
训练8　亿万富翁相亲为何"一眼看中工作人员"…… 028
训练9　当铺收了假画怎么办………………………… 033

## 第 2 章 悟识社会　039

- 第 1 节　步入社会的"三不、九要" ………… 040
- 第 2 节　找工作的实质是出售自己的品质与技能 ………… 042
- 第 3 节　为人处世的基本道理 ………… 045
- 第 4 节　不要被物质条件束缚 ………… 054
- 第 5 节　励志鸡汤的实质是"折腾自己"的工具 …… 057

## 第 3 章 悟识人　061

- 第 1 节　为人处世的禁忌 ………… 062
- 第 2 节　如何"做人" ………… 068
- 第 3 节　如何看待与优化自我 ………… 085
- 第 4 节　自我反思与折腾自己 ………… 103
- 第 5 节　为人处世的基本要素 ………… 108
- 第 6 节　当前男子气质缺失的原因分析 ………… 112

## 第 4 章 习练说话　119

- 第 1 节　语言基本功训练 ………… 121

第 2 节　语言交流的方式 …………………… 125

第 3 节　语言运用的技巧 …………………… 139

## 第 5 章
**习练识人**　　149

第 1 节　"识人"的要点 …………………… 151

第 2 节　"识人"的方法 …………………… 153

第 3 节　"识人"的训练 …………………… 158

第 4 节　"识人"的应用 …………………… 168

## 第 6 章
**习练做事**　　173

第 1 节　行动的计划与模型 ………………… 174

第 2 节　行动的路数 ………………………… 176

第 3 节　行动中的实践技巧 ………………… 181

第 4 节　理性思维与思维模型 ……………… 213

第 5 节　快乐工作的三个要素 ……………… 216

## 第 7 章
**习练心理**　　221

第 1 节　心理学与心理问题 ………………… 222

第 2 节　心理问题的产生与应对 ·················· 225
第 3 节　心理干预的机制与方法 ·················· 235
第 4 节　弱势心理分析 ························ 240
第 5 节　常见心理问题解析 ······················ 247

## 附录
**问题解答**　253

# 序 一

处世能力不足,无法应对激烈的社会竞争与复杂的人际关系,是当前年轻人最为担心且亟待解决的问题。

本书从社会现实出发,用年轻人能够感知的经验素材和逻辑方法,以思维训练的方式,使年轻人具备视野广、思谋深、反应快、收益大的处世智慧与能力,成功实现事业与生活双丰收。

这本书的功用,概括起来就是四个目标:野蛮心理、文明精神、沉稳气度、霹雳手段。

一是野蛮心理。"野蛮"并非事实上的野蛮,而是在当前年轻人心理问题日益突出的形势下,用来表述一种拖不垮打不烂、迎难而上、愈挫愈勇、敢于胜利的坚韧心理状态和不怕谗言、不惧讥讽、不畏打击的极强心理调节能力,以及不放弃、不抛弃,大不了从头再来的生命价值理念。

二是文明精神。与西方文化不同,自古以来,中国人立世、处世靠的就不是外在形态,而是一种风骨、一种精神、一种气度。文明精神要追求一种境界,这种境界的基础是对人,对社会,以及对人与人的关系、人与社会的关系的透彻认知,在此基础上构建符合自身条件与性格特征且不断优化发展的世界观、人生观、事业观和情感观,用以指导个人的全面发展。或者说,人的终极追求是让所有人都幸福。

三是沉稳气度。艺高人胆大,通过对年轻人处世能力的塑造,优化思维、掌握方法、习练本事、开悟智慧,使之今后面对激烈的社会竞争与复杂的人际关系时,能够看得清形势、摸得准问题、想得出策略、做得好效果。虽年少而不轻狂,虽初出茅庐而思谋深远,既突破进取又气度沉稳,从而在社会竞争中取得胜势,在人际关系中掌控人脉。

四是霹雳手段。霹雳手段绝非不择手段。目前年轻人普遍存在处世、动手能力不强,对外界信息不敏感,遇事不知如何下手的问题。通俗讲就是没眼色、没主意、没狠劲、没钻劲、不知轻重、不辨利害。因此霹雳手段就是要培养这样一种思维模式与行为模式——强调手段与方法的多样性、有效性与时效性,在遇到外界环境变化时,可以第一时间反应、第一时间判断、第一时间出手,做到眼明、心亮、手快、招硬。

李　晨

2024 年 6 月于上海

# 序 二

这其实是一位学生的反馈。

这本书的内容脱胎于12年前我开的一门讲为人处世的选修课的讲义。这位同学的反馈正好能够说明我们这本书的作用与效果,也是对本书的"领读"。

为了真实起见,原文照录。

认识老师的第10年,我终于学会了快乐!

之前有位勇敢地从抑郁症中走出来的女孩子给老师写信,这启发了我,我也想给老师写一封信,表白真心。来来回回也写了好几段,不过可能没有灵感,总觉有矫揉造作的嫌疑,也就一直搁置着没有再写。今天我遇到了一件涉及利益分配的事情,如果是以前的我,肯定会想不通,感觉自己被戏弄,很不开心,然后向朋友抱怨和吐槽,发泄情绪。但今天的我有意识地控制了自己的情绪,没有急于发泄和抱怨,还能停下来干点别的事情,在别的事情干开心之后,能逻辑自洽,最后自己挺开心的。我发现我真是变化太大了。恰逢教师节将至,我还是想给老师一股脑地写下我想说的话。感谢认识老师的这十年,我终于学会了快乐,体会到了快乐,能享受幸福,愿意且能爱自己也能爱他人了。

一直以来,我都有一些优点:聪明、努力、学习容易开窍、成绩不错、为人耿直也比较忠诚。这些优点支撑我活过生命前二十几年。在学校里时,大家没有太多利益冲突,我虽然知道我有很多毛病,但是改的意愿并没有那么迫切。直到毕业开始工作以后,我才发现我性格、心理上存在的那些缺陷,严重地影响了我的进步。比如,很努力工作但是成果不突出,因为核心的信息其实要从别人那里拿,团队的业绩驱动也要靠人去转;不懂人心,不顺人性,不能真正为他人好,是无法驱动一个团队为你卖命的,上有政策下有对策,遇到"老油条"还是玩不过。因为较真、计较、强迫的性格特点,我很容易不被人喜欢,成为被攻击的靶子,这使我过得很不开心。每个人都需要他人的认可,也需要他人的喜欢,在万般痛苦中,努力上进的我开始反思怎样才能改掉我的毛病,真正从心理上健康起来。

从2013年到2019年,我都有上老师的课,但是因为当时现实中并没有遇到需要痛改前非的严重问题,也因为自己人生经历有限,只记得老师说过人要大方,要灵活,要找乐,要读书,要为他人着想,要主动,要有生命力,要会"坏",要有"攻击性"等;却没能真正做到。这里面每一个点要真正落实和做到,都很不容易。老师说长期存在的一定是合理的,人是会为自己着想的,即使他采取了某种看似不好甚至伤害自己的方式,也一定是因为这种方式是他熟知的、习惯的甚至是对自己有利的。

比如,我明明知道人要大方,却会不自觉地算计,甚至这种算计是非理性的,是微不足道的收获。

比如我知道要找乐,但我很难充分体会快乐,因为我内心一直认为快乐是耻辱的,快乐是消费型的,不生产的生命是没有意义的。如果只是吃喝玩乐,我活着就没有意义,我对这个社会没有价值,我就觉得羞耻。而且我会故意找有难度的我不会的事情去做,在做这些难以完成的事情时,我一边焦虑一边前行,觉得自己进步了,然后心理就得到慰藉了。

比如我知道读书很好很重要,但是我之前只是喜欢买书却不读,单纯占有资源而不用好资源。那时候,我即使读书,可能也只是为了使自己符合"读书人"这个人设而已,我对知识没有强烈的渴望和好奇心。我的努力上进其实也是虚假的,我只是追求好成绩、奖学金和好学生的称号,我只是在讨好这个评价体系,所以一旦取得了荣誉,不久我的知识也就被忘光了。我没有发自内心地热爱知识、热爱某个领域、热爱这个世界,以及热爱我自己。

2020年,我遭遇了多重暴击,有时我觉得简直要活不下去了,那时候听老师上课是我能做到的最快乐的事情,而且也是我能接受和理解的快乐——我在学习。所以,我把网站上老师的讲课视频都看了一遍,也开始展露自己的内心和生活,寻求老师的帮助和建议(之前我从不展露自己的内心是因为我不喜欢自己,我觉得我的内心是丑陋的,我觉得真实的我是不被人喜欢的,我的内心充满了不满足和不如意)。2020年,我事业不顺,父母又威逼利诱:一边嫌弃我挣不到百万年薪,一边伸手找我要钱。没有几个知心朋友的我,在走上社会之后,觉得越来越孤独。我觉得自己一直以来都很努力地学习和工作,但也没得到体面的收入,一方面是我不知道咋挣,另一方面我也没动力挣。我觉得挣来的钱会被父母、亲戚借走,而且我也没有消费的爱好,我花不了多少钱。但我又很痛苦,我嫌弃自己的收入,觉得自己不优秀、没价值。

但在深度、仔细地听了老师线上视频课程后,我回顾了自己二十多年的成长历程,痛下决心要改变自己。2022年的某一天深夜，我突然有点醒悟了。在此之前，我不太理解为什么老师说我喜欢讨好别人，并且我不太认可他的说法。但是那天我发现自己简直就是个彻头彻尾的讨好者，我把别人对我的期望假想成自己真正想要的、为自己好的，然后就在这个满足他人期望的怪圈中无法自拔，而我从来没有真正关心和重视过我自己的需求。那天我看老师提到过一个问题：如果你只剩下最后一个月/最后一天，你要怎么度过？我发现我的回答不是陪家人就是要实现谁的什么愿望。纵观我的成长经历，我发现只有在满足他人提出的要求时，我最有干劲和动力，如果是我自己的心愿，我就会不自觉忽视，将之排到最后；但往往满足别人的要求之后，我也没有时间和动力来做自己的事情了。而当别人对我没有期望时，我即使给自己制定了计划，也很少能完成，大多数时候我都在看泡沫剧，而看泡沫剧是让我感到羞耻的，所以我会疲于奔命地去做不同的项目以满足不同人的需求，使自己感觉自己在忙呢、在积累项目经验呢、在努力上进呢（好处也有，确实锻炼了做事能力）。所以我知道 A 的期待、B 的期待，就是不知道我自己到底期待什么、喜欢什么。以前在学校里，A 或者 B 可以是某个具体的老师，我自己对自己的要求其实就是能毕业，能拿奖就行；但走上社会之后，虽然还有领导给我派活，但人生要过成什么样子，我迷茫了，而人生要过成什么样，还必须得由自己决定。

小时候，成绩好会被夸奖，成为父母的骄傲，除此以外，我的情感需求几乎都被父母忽视了。我如果表现得懦弱，我觉得我妈不会抱我，而是会讥讽我无病呻吟，我爸呢，比我更加"弱不禁风"，他们经常以"懂事"来绑架我，向我诉说他们的不容易。小小年纪的我被迫接受了很多神奇的设定：世界是坏的，别人是坏的，生活是苦的，坐享其成是有罪的，有钱有名是人生追求，等等；甚至我爸妈吵架还需要我去调解，我去当裁判说谁好谁不好，导致后来我和别人相处的时候也把握不好这个度。我讨好一方面是因为同情爸妈，觉得他们已经很不容易了，我还是努力满足他们，让他们开心点吧；另一方面是他们对我的需求的忽视，让我无暇甚至不能提出自己的需求，久而久之，除了和学习、上进有关的必要需求，其他需求我一概忽视了。我成长过程中的那些作为孩子的其他需求去哪里了呢？

意识到这些问题后，我决定做出改变。第一步就是接纳自己，这也是老师曾经在聊天群里跟另一个同学说过的，大致内容是"自卑就自卑、不敢说话就不敢说话，你讨厌自己不敢说话，难道你就敢说话了，是啥样就是啥样"。于是，我接受了自己是一个讨好者的设定，我也没有嫌弃自己了（之前嫌弃自己主要也是因为我觉得自己很虚伪、很小气、对别人有敌意），相反我还很为自己感到骄傲，觉得自己以小小之力做了那么多事情，宽慰了父母，虽然总是为了讨好别人疲于奔命地追名逐利，但我确实锻炼了自己的工作能力，也为其他人做了很多事情。至于小气那是因为小时候过得确实苦，虚伪是为了生存，对别人有敌意是因为错误的认知让我觉得自己没被善待过，感觉谁都是为了剥夺我的价值才和我在一起的，自然就会有敌意。

意识到问题了，但我不知道该怎么办，我就想：如果李老师遇到和我同样的问题他会怎么办？我觉得他肯定会让自己过得舒服、过得好、过得高兴。我也要这样，不求干什么改变世界的大事，但我不能白活呀，我要开心！而且，老师给我提供了一个非常有力的榜样：轻松、快乐、享受生活，做自己喜欢的事情，不追世俗的名利，照样过得很好很潇洒，充满了生命力。我想成为老师这样的人，于是我开始"放纵"自己，同时记录下那些让我高兴的事情，比如我喜欢唱歌,我心情不好就唱歌,或者看老师的视频。我不高兴的时候,就观察自己的情绪并且试图分析,比如,我在不高兴,我因为什么不高兴,如果是李老师他会不高兴吗?我是不是沉浸其中找不痛快啊?然后我就赶紧去唱唱歌或者看老师的视频。然后我发现:其实如老师所说,很多让人不高兴的事情都是小事,睡一觉基本也就忘记了,过一个星期再看就会觉得压根没什么。而以前我把自己沉浸在这些不高兴里,是自己给自己找不痛快。

慢慢地,神奇的效果产生了。一开始是我沉浸在不开心中的时间变短了,我可以通过做开心的事情恢复正能量,今天的不高兴不会干扰我明天的工作。后来我发现我不高兴的时间不会超过半个小时,我很快就能把自己劝说好,不是啥大事,都不重要。真有让我感到解决不了的困扰,我就立刻微信上找老师。那是第一次体会到什么叫底气:有什么事情都可以问老师,不用担心,老师一定能有解决办法。我就觉得我超有底气,没什么好怕的。再后来我发现我"控制情绪"的能力加强了。虽然老师一直说不要控制情绪,但基本没啥事会让我一直感到"困扰"了,事还是那个事,但是它"扰"不到我了,我体会到了一种非常珍贵、十分难得、以前很难体会到的感受——自由!我自由了,大多数时候我好好地活着、快乐地活着,想干什么就干什么,不想干的就不干,必须要干的我也能从中找到好处让自己快快乐乐地干,我觉得生活有意思多了。这种对自我情绪的稳定"控制感"让我体会到了"精神"上的充分自由,我觉得这就是普通人的幸福吧。然后我就开始经常有那种偷着乐的感觉,觉得自己悟道了。

当然,这只是第一步。第二步是我开始用美好的眼睛看待世界、看待他人,真正地爱自己、爱他人。我觉得这是最重要的成长。

接纳自己后,我体会到了快乐、开心有多美好。我调整了自己的认知，让自己在生活中找乐子。比如和别人意见不一致时，以前我会觉得我说服不了他人是我的见解和认知能力太差了，现在我会觉得多好啊，别人还愿意跟我说他的真实想法，他的角度确实有一定道理。除了要开心，我的脑海里也删除了很多没有来由的"应该""必须""不得不"，我觉得只要不侵犯别人，干啥都行，没有应该，没有必须，这样我也不会总是体会到失望，相反，让我开心的事情多了很多。在允许自己懒惰、放纵、看泡沫剧，体会这些没有"奋斗意义"的快乐之后，我对别人也温柔多了，我也允许别人懒惰、放纵了，我觉得懒惰、放纵才是常态。现在我对和他人合作会保持一个最低程度的合理预期，有什么多出来的都是惊喜。在接纳自己之后，我不再拧巴，也不再和别人比来比去、争个高低了。在新的视角下，我重新回顾我的成长经历时，我不再像以前一样觉得很苦、很悲惨了，相反我看到了很多"小庆幸"，比如从小到大，老师都比较照顾我，我努力学习也都有了回报，父母一直让我好好读书，上大学，让我看到了更广阔的世界。我发现了他人身上的很多优点，也体会到老师说的优缺点都是特点，每个人都是可爱的，每个人也都是可以被爱的。

当我用善意去看待这个世界，不因别人的行为决定我的反应，而是为了让自己高兴去宽容人、理解人，从最大的好处揣摩人时，我自由了，我不再是被"别人怎么对我，我就要怎么对人"这个信条框住的提线木偶了。

尽管老师说不要形式主义，不要感谢他，但我发自内心感谢老师为我们做的这些事情。这些社会、职场的基本道理和我们遇到各种困难时的忠告、建议，原本应该由父母教给我们的，但很多时候，我们的父母都没做到位，甚至还给了负面影响。我觉得非常幸运，能遇到老师，这也使我时常偷着乐。

在能关爱别人、给予别人快乐之后,我越发喜欢自己了。我有爱的能力,这种能力不依托外物,只要我存在就有,我开始真正认可我作为一个人存在的价值,不需要外界的功名利禄,不需要刻意输出什么价值,我开开心心地生活本身就充满了价值。

老师说除了雅、持、善、实,还要"俗、色、坏、贼",目前在"坏""贼"上我还缺乏一些方法论的训练,不知道怎么"坏"、怎么"贼",遇到难解的问题,脑袋里还没有足够的妙招让自己见招拆招,从容应对。这些内容我还要不断学习,在生活中总结经验。

不知不觉写了三个小时,我很兴奋。作为一个跟老师学习多年的学生,感觉终于有些开悟了,希望老师知道后能开心"嘻嘻",也希望这些经历能给有类似经历的同学以启发。在这个"卷"到离谱的时代,快乐生活似乎越来越难,无论是就业还是住房,现实的生存压力确实很大,但不为外物所困,做力所能及的事情,不为得不到的东西而困扰,为已经得到的东西而开心,放下执念,接纳自己,愿意让自己开心,是我们能给自己的温柔。一旦开始享受快乐,很多意想不到的美好事情就会涌来。有些习惯"内卷"的人可能受不了"躺平",那么,不妨从先给自己一个"躺平"的机会开始。事实上,真正爱自己的人不必"躺平",因为做事情是快乐的,给他人提供价值也是快乐的,我也依然幻想着能做点改变世界的事情,我会努力但我不会要求自己必须怎样。就像老师说的,我现在处于当下很幸福,也对未来充满憧憬,觉得自己有无限可能的状态。

让我们一起幸福地偷着乐吧!

# 第 1 章
# 综合训练

综合训练包括八个方面：思维、心理、形象、人文、语言、识人、行动、思谋。

思维主要是指思维模式，即观察、分析、判断、权衡、决策的模式。既是模式，就要求应用相对科学的理念、理论、技术与方法，形成一个相对固化、不断优化、合理细化的流程。进一步展开，思维还可延伸到思想境界、价值观念等领域。

心理一方面是指人的心理状态，主要是指心理的感受力、耐受力与承受力。感受力是指要对外部环境与事物的变化非常敏感，要有"见微知著"的前瞻意识和类似于"大风起于青萍之末""山雨欲来风满楼"的预警意识；耐受力是指能够在一个相当长的周期内，不被困难、风险、利益和外部的非核心要素变化所惧、所惑、所诱，始终保持高度的注意力与专注度从事某项工作；承受力是指能够接受更大的挑战与风险。心理素质好或心理强势的表现是能够真实地表达自我，能够随着外部环境与事物的变化而适时调整自己的情绪与思维，不在意他人批评的方式与语气而注重批评的内容，站定主流不"另类"，自我意识、攀比心和虚荣心较弱。心理强势的核心是真实。

另一方面，心理也是一种手段、一种方式、一种工具。可以通过特定的眼神、语言、表情来直接干预他人的心理，或者通过营造某种氛围实施间接干预，包括进行个体性干预与群体性干预，进而达到符合自己预期的效果，实现自己的意图。

形象包括两个方面：一是指人的外在表现，包括衣着打扮、精神气质、工作作风、举止习惯等；二是指人的这些外在表现在他人心目中产生的印象。形象与长相不同,首先是属性不同,长相是自然属性,而形象是社会属性,因此长相无法改变,而形象可以改变与塑造;其次是传播渠道不同,长相是具体见了才能感知,比如见到本人或看到其影像,而形象无须具体见到,从口口相传、邮件、短信、电话、行文,甚至工作实绩中都可以感知。再次是影响不同,长相对为人处世只有初步的、浅层次的影响,而形象则关乎效果与效能,因为好的形象可以增加亲和力、公信力与感召力,使他人更易于主动接受、认同与服从,便于组织协调、团队协作、工作开展、克服困难与减少阻力。因此为人处世不看重长相,而关注形象。形象的塑造以实际结果、效果、后果为导向,反推论证形象的合理、优化表达,进而形成规范并切实遵从。

人文主要是指人文修养,包括历史、哲学、艺术三个方面。处世能力的人文修养不是从历史、哲学、艺术的角度来看历史、哲学、艺术,而是从社会发展与变化的角度来思考历史、哲学、艺术。比如《蒙娜丽莎》为什么好?不是从美术的角度来思考,而是从文艺复兴催生社会性变革的角度来思考。同样,《梁祝》为什么好?也不是从音乐的角度来思考,而是从人性的解放与社会的进步发展需求之间的内在逻辑来思考。这样的人文修养会激发、碰撞、产生出新的智慧与方法,使人进入更高的层次。

语言是指语言表达能力,包括作报告、口头汇报、上传下达、发表意见与建议、即席发言、演讲、说服劝阻、口头批评与表扬、辩论辩解、动员、思想感情交流,甚至讲笑话,等等。其核心内容包括四项:一是发言,即作报告、会议发言、工作汇报等;二是辩论,即争论、辩论、辩解等;三是劝说,即主要通过语言使特定的对象,包括个体对象与群体对象做出或产生符合你预期的结果或效果;四是讲笑话,即用轻松、幽默的语言活跃气氛、调节情绪、缓和矛盾,尽快打开社交局面,展示自己亲和的形象,以及给他人留下深刻印象等。能说不是指"话多",也不是把自己想表达的内容说完就行,而是要产生效果,而且要产生符合自己预期的效果,否则就是没有意义的。因此如果能达到预期效果,"此时无声胜有声"也是一种能说的体现。

识人就是分析、判断、推测一个人在过去、当下及未来时段的思想、心理、生活和工作状态,进而推断其做事的风格、方式,并判断可能的结果,以利于协作与共事。但是每个人表露与隐含的信息都很多,全面分析与解读,既无可能也无必要。概括地说,要以自己为人处世的风格特点为基础(因为"识人"有很大的相对性与主观性,针对同一个人,每个人都会产生自己的"识",所以一定要以我为主,与我相适,为我所用,不能人云亦云),以利弊得失为标准(这也是"看穿人"的目的所在),去分析与判断人。

行动是指实践操作能力,包括组织协调、计划制定与执行、危机管理、公关、处置日常公务与应对突发事件,等等。实践操作上升为能力,就不是应激、自主、被动、随意地做,而是用一种模式去做。简单地说,就是在做之前,先研究以前是怎么做的,有什么成功经验与失败教训,再研究其他人是怎么做的,尤其是标杆性的人或组织是怎么做的,有什么成功经验与失败教训,还要研究这一领域的相关研究成果,即专家是如何建议的,再结合自身的实际情况与预期目标,经过广泛筛选、不断优化而形成自己的做法,还要在实施过程中根据新的问题、新的情况以及新的困难,及时地总结、调整、优化自己的做法。

思谋是指分析谋划能力,包括信息收集、形势分析与判断、方向与突破口选择、工作重心与重点确定、组织策划、战略制定与策略选择,等等。谋的核心要求是通过所谓"计谋",以更低的成本、更短的周期、更好的效果来完成特定的目标、任务与工作。

## 训练1　哪个是百年老店的生意口

羊肉泡馍是西安颇负盛名的传统风味美食,据传有千余年历史。其特点是面向大众、实惠不贵、量足美味。现在一般分为优质款(肉多价高)与普通款(就是基本款)。羊肉泡馍味道好不好,主要看汤、馍,以及掰馍的技术和吃的方法,肉只起到辅助作用,所以会吃的一般都要普通的,不影响味道还省钱。

开羊肉泡馍馆是个能赚大钱的营生,当然前提是要开得好。羊肉泡馍馆比比皆是,但不是每家都能开下去。每年都能有一两家开张,也有一两家关门。十几年下来,唯独百年老店屹立不倒,生意兴隆。

生意做得又好又久的店,必然有其独到之处,拿这家与其他开不下去的店相比,不同之处颇多,比如质量、服务、卫生、店面、管理,等等。其中有一项既简单又奥妙的差异,就是生意口,即顾客一走进饭馆,老板询问顾客想吃什么的话。

下面列出了三种生意口,请你判断哪种是百年老店的生意口?

1. 几个馍?
2. 吃点儿啥?
3. 优质的还是普通的?

请认真思考后做出选择,要有扎实可信的选择理由与依据。

说明:

这道习题体现的是"营销心理学",说明了一个基本的逻辑,饭店赚钱,赚的是顾客身上的钱,因此就不能光想自己,而是要从顾客的角度出发。

做人、做事也是一样的道理,比如将来工作了都想多赚钱、被提拔,就要再想一想,赚谁的钱,他为什么会让你赚他的钱?一定是你给他创造了收益,他才愿意被你赚钱;一定是你给他创造了更多的收益,他才愿意被你赚更多的钱。被谁提拔,为什么他会提拔你?一定是你的工作业绩让他看到了你被提拔的可能,他才愿意提拔你;一定是你的工作业绩让他看到了你被更快提拔的可能,他才愿意更快地提拔你。

而学生往往会被当前社会上的某些"关系""厚黑""潜规则"的错误说法误导,而认识不到这些核心的、本质的逻辑。

参考解答:

答案是1。

这个生意口体现了营销心理学。

先分析第3个生意口。出门在外,大部分人听到"优质的还是普通的"的询问,大庭广众之下一般不好意思说"我吃普通的",这样显得自己怕花钱,小气,面子上下不来,所以只能答应"我吃优质的",但心里明白,这是老板想着法子逼自己花冤枉钱呢,感觉肯定不爽,以后就不再来了。遇到请客吃饭的,那冤枉钱就花得更多了,这样不仅不来了,为泄怨气,还会到处说这家饭馆的坏话。而且不会说他花了冤枉钱,而会说这家饭馆卫生差、质量差、不地道,等等，使其他人也不愿到这家饭馆吃饭了。这样，老板虽然在第一次买卖中多赚了钱，但是却没有了回头客，时间一长也就关门了。

第2个生意口虽然表现与第三个不同，但道理一样，充其量是个改良版，实质还是要顾客顾及面子而选择吃优质的，无非是语气缓和一些，因此结局是比前一家做得稍久一些再关门。

第一个就"狠"了。进来就问"几个馍"，前提假定就是普通的，根本不让你选择，根本就不给你难堪的机会。语气直接，显得一点儿都不拿你当外人，有默契、有交情，这一句话就在生意之外又加上一份情感笼络了。另外，如果你是请外地朋友吃饭，真的要吃优质的，听到老板问你"几个馍"时，你就可以很牛地说"要优质的"，感觉多有面子呀，以后还得去这家！

这就是百年老店的生意口。

当然一家店生意好坏、能开多久，涉及的因素很多，生意口只是其中之一。有的店生意口差，但也开了很长时间，而且生意不坏，那一定是有其他原因托着，比如地理位置好，价格便宜，或者是独家买卖，等等。但反过来想，如果老板点子清，生意口对路数，那不是单凭一句话就可以赚更多钱吗？

# 训练 2　馒头应该怎么吃

这个习题的素材选自小说《桑树坪纪事》，故事发生在 1969 年。

陕西关中西北部山区地广人稀劳力少，每年收麦大忙季节要请不少人来帮忙割麦，这些人就是当地人所说的麦客。麦客多来自甘肃平凉、庆阳一带，因为当地的麦子比陕西的晚熟，所以可以打个时间差，既赚了钱又不耽误自己的麦收。

麦客是苦作劳力，但也是招惹不起的人物。麦客肯下劲，收得快、割得净，队里能多收半成麦。可麦客要存心整治谁，能毁一半收成。当然，这种事极少有，因为麦客也指望割麦糊口。不过，割得粗，随抛随撒的情况还是常有，这就看雇主对麦客招呼得好坏了。

麦客早上下地时天还不太明，收工回来时已经见星星了。因此早晚两顿饭要把馍送到麦客住的窑里去，中午一顿就送到地头。为了省钱，雇主想着法儿地在伙食上做文章。

于是针对三顿饭的不同特点，雇主设计出了三种不同的馍，一种是细面大白馍，简称白馍；一种是掺了一大半粗面的馍，简称黑馍；一种是只掺了一小半粗面的馍，简称黑白馍。每顿饭只能吃一种馍。

对应早、中、晚三餐,你选择哪种顺序的安排?
1. 白、黑、黑白;
2. 白、黑白、黑;
3. 黑、黑白、白;
4. 黑、白、黑白;
5. 黑白、白、黑;
6. 黑白、黑、白。

说明:
这道习题体现的是精明与算计。

虽然现在社会环境变了,也不会再有这样的事了,但表象不同而实质相同,或者说思维逻辑与智慧相同的事仍然在时时处处地发生着。

研究这个故事可以提高"算计"的能力。

参考解答:
答案是5,你选对了吗?
原因如下:

早饭时天还没亮,馍的颜色看不大清楚,可以以次充好,但是麦客要干一上午的体力活,食物热量上不能有亏欠,否则会影响干活的速度与质量。所以早饭要吃黑白馍,这样既看上去像白馍,又有足够的热量,麦客在心理与体力上都不会出问题。

午饭是在地头,大太阳底下,一定要吃白馍。麦客看见细面大白馍,会感觉到雇主大方、不亏人,真是够意思,干活也就会更卖力气了。另外干了一上午,还要再劳作一下午,也确实需要增加热量,这样两方都得益。

等到收工时天已落黑了,麦客干了一天活后已经很疲倦,通常胡乱一吃,吃了就想赶紧睡。这样一是天色黑,辨不清颜色,二是晚上不干活,不需要消耗,因此,晚上吃黑馍。

# 训练 3　为什么说"承畴必不死"

《清史稿》中有这样一段记载：

> （明朝大将洪承畴被清俘虏后，拒不投降，只求一死……）
> 上欲收承畴为用，命范文程（清太宗主要谋士）谕降。承畴方科跣谩骂（光着脚趿着鞋大骂），文程徐与语，泛及今古事，梁间尘偶落，著承畴衣，承畴拂去之。文程遽归，告上曰："承畴必不死……"

请问范文程为什么说"承畴必不死"？

说明：
这道题本身并不难判断，稍加思考就能找到答案。
重要的是给我们两个启示：一是留意细节，尤其是在反常状态下的正常细节，或正常状态下的反常细节，往往可以揭示一些深层次的问题；二是不要装，装得再像，在高人看来，也就是个"皇帝的新衣"，而且越是装，就越容易被人玩弄于股掌之间。

参考解答：

原文为：

> 文程遽归，告上曰："承畴必不死，惜其衣，况其身乎？"

衣服都很爱惜，何况生命呢？

后半段记载是：

> 上自临视，解所御貂裘衣之，曰："先生得无寒乎？"承畴瞠视久，叹曰："真命世之主也！"乃叩头请降。

为什么说"承畴必不死"？

这个题本身并不难判断，因为"梁间尘偶落，著承畴衣，承畴拂去之"一句很突兀，稍加留意即可得出结论。所难者一是范文程如何观察到了这一现象，因为这是一个再正常不过的现象；二是如何从这一印象推导出"承畴必不死"，即"惜其衣，况其身乎"的思维逻辑。

# 训练 4　如何应对顾客的赞誉

油茶是西安的一种传统风味美食,味美价廉量大,主要在早上卖。油茶铺子大多是小本生意,店铺较小,门脸不大,炉子一般就放在门口,上面支一个大锅,顾客多时就在门外放几张桌子。以前,每个居民点都有两三家这样的油茶铺子。

虽是小吃食,但要遇到做得好的,却容易吃上瘾。小时候我家旁边就有一家卖油茶的铺子,是解放前就开在那里的老店,味道真是好,家里基本上每天早上都会拿个锅去买。

更有甚者,有些"老吃家"听说这家的油茶好,会绕半个西安城专门来吃,吃完了会对着老板大加赞赏,说一些赞扬、鼓励、感慨的话。

问题来了,这家店的老板听到这些话后,应该怎么回答呢?下面列出三种答案,请选择哪一种是这家店的老板的回答。(另外两种说法也有的,但不是卖油茶的,或不是在这种情况下说的,放在这里起个"鱼目混珠"的作用。)

1. "手艺好,料也硬棒,不敢糊弄人。"
2. 笑一笑,不置可否。
3. "还有什么不对的你就说。"

说明：

这道习题体现的是另一种"江湖"规则与生存的智慧。

参考解答：

答案是2。

用排除法：

第1项最大的忌讳是这样说易遭同行的嫉恨。前面说了，卖油茶是早上做的小本生意，每个居民点都有好几家。因此特点一是顾客群相对固定，即每天早上吃油茶的人数相对恒定，顾客到这家吃了，那去另几家的人就少了。二是总营业额相对固定，即这家多赚一块钱，另几家就要少赚一块钱。三是经受不起折腾，小本生意抵御市场风险的能力差，一定要市面平和才能有钱赚。

几辈人传下来的手艺，味道好、顾客夸、赚钱多，其他几家虽然心里有情绪，但这是历史的因素、顾客的因素、市场的因素造成的，这些都是外在的因素，很难改变。但是店老板一旦自夸，性质就变了，再经过食客添油加醋地一传（这是众人很乐意做，也时常会发生的事情），到了其他店老板耳朵里，就会激化矛盾。其他几家店要是联起手来，降价格、拉顾客、传谣言，这家店经不起折腾就有可能倒闭，经住了折腾，那也会少赚很多钱，为了这一句话，实在是划不来。

第3项的害处是一旦这样说就是谦虚了，这时候谦虚就等于自贬，用现在的话来说就是对自己的东西不够自信，那会让顾客在潜意识里形成这家东西不够好的印象，能跑半个城来吃的人通常都是某一领域的"民意代表"，出去一说会造成不好的影响，因此同样划不来。

因此只剩下第2项是"最不错"的选择了。但细想一下，也有奥妙。"笑一笑",表示了对顾客赞扬的尊重,没有失礼;"不置可否"是对顾客赞扬的不表态,会激发顾客去想"为什么",很可能会想出很多店家都不知道的神奇观点,等于给店家造势了。

其实第一句话是大买卖、具有垄断优势的店常说的,区域内就此一家,没有或极少有竞争对手,很强势。这种说法可以固化顾客的忠诚度与美誉度。

第三句话也是生意好的小买卖说的,但却不是对跑半个城来吃的"陌生人"说的话,是对老街坊、老邻居、老主顾说的话,一是显得大家都是自己人,尤其是有些老主顾都是店主的父辈,需要尊重;二是祖传的手艺也要与时俱进,多听听顾客的建议和意见,便于改进。

# 训练5　柏拉图应该怎么回答

柏拉图是古希腊伟大的哲学家,其思想、理论、著述、教育都取得了历史性的巨大成就,对整个西方哲学乃至西方文化的形成与发展影响巨大。除此之外,其口才也倍受赞誉,古希腊人称赞他为阿波罗之子,并称在柏拉图还是婴儿的时候曾有蜜蜂停留在他的嘴唇上,才使他口才如此甜蜜流畅。柏拉图出身于雅典贵族,喜交际,经常在家里组织上流社会的大型聚会。有一天,第欧根尼来了。

第欧根尼也是古希腊著名哲学家,犬儒学派的代表人物。他的全部财产只有一根木棍、一件褴褛的衣裳、一只讨饭袋、一只水杯和一个木桶。他白天在城市游荡,晚上睡在木桶里。他骄傲地声称自己以四海为家,是一个自由的世界公民。他认为除自然的需要必须满足外,其他任何东西,包括社会生活和文化生活,都是不自然的、无足轻重的。他强调禁欲主义的自我满足,鼓励放弃舒适环境。他的哲学思想为古希腊崇尚简朴的生活理想奠定了基础。

第欧根尼在聚会开始后才姗姗来迟,那天正好下雨,第欧根尼双脚沾满泥土,站在柏拉图家豪华的红地毯上,在众人的注视下,高声说道:"柏拉图,我用我的双脚羞辱了你的虚荣!"

请问,柏拉图应该怎么回答?

说明:

这道习题主要是训练思辨的能力,感悟思辨甚至是哲学的乐趣。

既然是柏拉图的回答,自然就不能直来直去说些"损""坏"的难听话了,更不能骂人。

认真思考这个故事,还可以掌握一种重要的辩论技巧,同时感悟语言与心理也可以成为一种犀利、有效的"武器"。

参考解答:

柏拉图回答:"第欧根尼,你能说出这番话,你就已经羞辱了你自己。"

众人哄堂大笑,第欧根尼倍受打击,黯然无语。

这句话为什么好呢?好就好在"以彼之矛攻彼之盾",用第欧根尼的理论打击第欧根尼的行为。因为第欧根尼的禁欲、自然、简朴的哲学主张是反对虚荣的,在其理论里,满足了人的"自然"需求,就可以获得心理支撑,不需要外在的刺激来支撑心理。

而"羞辱"他人的行为本身就是一种虚荣,也是一种虚荣心理的满足,与其倡导的哲学主张是相悖的。柏拉图抓住了这一点,不是用正面反击,而是从根本上否定了第欧根尼。

这个简单的言语交锋背后的逻辑可能也是"犬儒学派"没落的一个重要原因。因为人是有思想的社会性动物,不可能在仅仅满足"自然"需求后就会自然得到精神上的满足,而是必须依赖外部社会的刺激、评价与支撑。

对当前社会来说,有几个启发:一是把满足"自然"需求,即把某种物质的指标当作人生目标,是不完备的。物质当然是必需的,但满足"自然"需求后,还需要具备文化、修养、精神的追求以及对社会与人类的贡献,才能得到"精神"的满足。二是物质条件的攀比、消费,只能产生心理刺激,而无法获得精神世界的满足与愉悦。三是当物质条件不好或比较窘迫时,不能通过"自我开发"或信仰某种"简朴"的"自然满足"哲学来支撑自己的心理与精神,而是要通过不断学习,优化自己的思维与行为来"积极"地获得物质条件。

## 训练6　离婚了财产应该怎么分

这是多年前的一个故事。

有一对夫妻,男方在政府部门工作,女方在外企工作,才貌都好。当年一见钟情而结婚,经过三年的婚姻生活发现彼此性格不合,决定分手。分手就必然牵扯到财产分割。房子无须分,双方都有单位分配的公房。家具、电器什么的可以忽略不计,需要分割的是20万元存款。

两人人品都不错,大方,也比较重感情,婚姻不在了情分还在。女方想,她在外企工作,每月收入8 000元,男方在政府工作,每月收入5 000元,这20万元她占的比例多些,为了照顾男方就提出对半分。男方想,虽然女方收入高,但娘家不富裕,还有一弟一妹在上学,每年学费生活费都由姐姐负担,此外结婚时装修房子花了6万元,是自己父母出的,这样均拉平扯,20万元应该各占一半,为了照顾女方,就少要一些,四六开,自己分8万元,女方拿12万元。

二人争执不下,男方就去和自己的一位朋友商量。

朋友笑笑说:"先不说分钱的事,先想一想,离了婚下一步干什么?"

男方皱起了眉:"现在哪还想得到以后,先把眼前的事弄完再说。"

朋友又笑着说："人无远虑,所以才有近忧嘛,好好想想,离了婚接下来要干什么?"

男方说："缓一缓吧。"

朋友接着问："缓完了要干什么?"

男方被逼无奈,只好说："再找一个吧。"

朋友又逼问一句："想找个什么样的?"

男方有些开玩笑地脱口而出："那当然是漂亮、聪明、有钱的。"

朋友哈哈一笑说："好,这就行了,你应该这么办……"

故事先讲到这里,下面列出了男方的这位朋友和其他朋友给出的建议,从社会实际情况看,这些建议都是有可行性的。请你站在男方的立场上,从下面 6 个选项中选择一个对男方最有益处的方案。

1. 对半分,每人 10 万元;
2. 男方 8 万元,女方 12 万元;
3. 男方 5 万元,女方 15 万元;
4. 男方 0 万元,女方 20 万元;
5. 男方 15 万元,女方 5 万元;
6. 男方 20 万元,女方 0 万元。

说明:

简单的划分数字是毫无意义的,重要的是数字背后体现的"战略思维"。

切记题目的要求是"对男方最有益处",既然是"最有益处",那这个益处显然不是多分几万块钱这么"一点儿"益处。那怎样才能通过划分,进而获得"更大"益处呢?

参考解答：

这个朋友说："你一分钱都不要拿。"你认为对吗？

为什么呢？这个朋友接着说："找一个漂亮、聪明、有钱的女孩子，不是不可能的事，其实这样子的女孩子可能更好找。先分析一下漂亮、聪明、有钱的女孩子对什么敏感，或者她喜欢什么样的？

"首先，这样的女孩子大多有很强的自信，心理很强势。这些自信与心理强势可以让她忽视世俗观念上的不足，比如你离过婚，她还可能采取主动，因为她根本不会在乎别人说什么；

"其次，这样的女孩子有足够的敏感度与观察力，她可以发现一个人，而且能够通过某些现象去分析、挖掘一个人的内在，不够聪明的人是做不到这一点的；

"再次，这样的女孩子对钱不敏感。或者说她对人更敏感，对一个人的人品、能力、思想更敏感。

"再反过来看你，高高壮壮，也是一表人才，人又实在厚道，重情意。在政府部门工作，眼界宽、脑子快、办法多，单位里的大妈、大姐都夸你，这就是有口碑。不是正好能和漂亮、聪明、有钱的女孩对上吗？现在唯一缺的，是怎么证明你人好？恐怕只有一分不要，才能凸显你是真重情意、真的很厚道了。这一点占住，再加上你们单位那些大妈、大姐一宣传，恐怕是路人皆知了，估计很快就可以传到漂亮、聪明、有钱的女孩子耳朵里了。

"再退一步讲，即便一分没拿又没找到漂亮、聪明、有钱的女孩，你说8万元是个很大的数字吗？少了这8万元你就一辈子翻不了身了吗？一日夫妻百日恩，事不成了情还在，你就念在旧情的分上多帮一把又能怎么样？"

男方也是条汉子，心一横："对，于情于理，这钱我都不要了。"

不要钱也不容易做到，因为女方不理解，一开始还以为男方嫌她说的对半分太少,主动提出她再少分点儿,这当然更不行了,于是他想尽办法,最后总算是让女方把钱全部拿了。

之后就进入了一个漫长而又有些不可知的过程了。

漂亮、聪明、有钱的女孩子一直没有出现,其间倒是出现了一些插曲,不断有人来介绍,但都没成。原因一是有些他认为不合适,二是漂亮、聪明、有钱这三个要素缺一至两个要素的女孩子看不上他。朋友们都开玩笑说,看来只能找漂亮、聪明、有钱的女孩子了。

果然,过了一年半,在一次政府应用软件采购会上,他认识了一位在IT公司做研发总监的漂亮、聪明、有钱的女孩子。先是采购谈判时有了具体的接触,后来女方去单位调试软件时被大姐、大妈告知了他的故事,有了进一步的了解,再就是两个人密切地接触了……细节不讲了,无非是有吸引、有矛盾、有反复、有甜蜜。结果半年后二人结婚了。

这则故事带给我们的启示:

1. 当人处于一种混沌状态无法清醒认知的时候,要做延伸性的思考,下一步怎么做,再下一步怎么做,定一个"战略"目标与方向,当前的事就好决断了。

2. "不要钱"肯定不是找到"漂亮、聪明、有钱"的女孩的决定性因素,男方的人品、价值观、个人素质、客观条件才是决定性因素,但"不要钱"是具备这些因素的"论证"与重要体现。或者说,"不要钱"只起一个广告的作用,但重要的是广告描述与商品品质是完全契合的。

3. 这显然是一个有明显"算计"在里面的故事,但看看结果,前妻多得了8万元,男方与"漂亮、聪明、有钱"的女孩都分别找到了自己的"Ms./Mr. Right",没有一个人在这件事中吃亏,而且都得到了收益。说明"手段"没有"好"与"坏"的性质上的差别,有差别的只是动机与目的。

4. 每个人在找对象时都会想,"我"想找什么样的,这个"什么样的"通常是有一些挑战性或难度的,但这只是最初级的问题。更重要的是"你"想找的具有挑战性或难度的"他/她"想找什么样的,"他/她"对什么样的人敏感(感兴趣、认可或接受),"你"现在具备的品质符不符合"他/她"的这些要求,具备的话当然好办一些,不具备的话怎么办?恐怕就需要积极地调整自己、提高自己。所以说,做事要以"目标(结果、效果、产出)"为导向。

# 训练7 如何吃到更多的羊肉包子

这是一个当年上军校入学军训时发生的故事。有一次,班里的一个同学去帮厨包包子(周末食堂的工作人员比较少,会让学员去帮忙)。他灵机一动,偷偷拿了些食堂的猪肉到外面老乡家里换了些羊肉,给自己包了四个羊肉馅的包子。

可要把羊肉包子吃到嘴里有两个问题:一是当时所有同学都处在"如狼似虎"的状态,如果得知有羊肉包子,恐怕这个同学非但一个都吃不着,而且会被吃了羊肉包子的人奚落、笑骂,真是太不划算了。二是包子是一锅蒸的,出锅以后就不好辨认了。所以他想了个主意,在每个羊肉包子上沾上一小点儿胡萝卜作为标记。

当时所有学员分成六桌,每个桌子都用一个大盆装包子。他在分包子的时候就把这几个有标记的包子,全部放在了我们桌的包子盆里(我们班有十个人在一张桌子上吃饭)。

可是人算不如天算,刚分好包子,领导就让他去做其他事了。他的郁闷就不说了,但一想这事不能白干,吃不着可以做个人情。我们关系比较好,他就偷偷地告诉我,上面有胡萝卜标记的是羊肉包子。

我一听立即兴奋了。可问题是如何才能吃到这四个包子呢?

为便于思维训练,假设一,盆里有二十个包子(这一盆吃完了再拿盆去取其他的包子),其中四个是羊肉的;假设二,那时的同学都是观察敏锐且凶悍十足的,很不讲究,当他们看到你连续抓起两个有标记的包子时就会马上想到这个包子有名堂,不管是什么名堂,都会立马抢走再说,而我一个人是抢不过八个人的;假设三,羊肉包子与猪肉包子在外观上有一些差别,猪肉的油大,会渗到包子皮里,显得皮薄,而羊肉包子油少,会显得皮厚些。

请你根据以上的条件,设计一个计策,怎样才能吃到更多的羊肉包子?

说明:

这道习题的目的是训练、培养"拼争"的意识、技巧与乐趣。当下,中国社会与学生父母并没有与财富状态相匹配的对子女的教育理论、理念与方法,更缺乏长期的社会实践检验。因此产生了很多违反人的思想、心理正常生长、发育规律的理念与方法,其结果之一就是子女的拼争精神与技巧的缺失,更遑论凡是"动物"都应该具备与享受的拼争的乐趣了。但是通过拼争取得生存的资料,取得好的成长与发展又是人类社会能够进步的一个本质的甚至是唯一的路径,于是很多年轻人进入社会后就"茫然""郁闷"了,被"宅"与"剩"了。

这道习题就是要通过这么一个取材真实的小故事,唤起并训练拼争的意识与技巧,初步感悟拼争不是"残忍""痛苦"的,而是有乐趣的。

参考解答:

下面的策略仅供参考。主要是要把大家的"机灵劲"给启发出来。

第一步是转移注意力。

包子一上桌大家就会伸手抓,这样从概率上讲必然会有人抓走羊肉包子。所以在一开始就要说出一番言论来,把大家的注意力转移到非羊肉包子上。

可以面带无邪、天真的表情,脱口而出地说,这油汪汪的包子肯定皮薄馅多,最好吃。因为这番说辞是常理,所以会起到转移大家注意力的作用。

第二步是先下手为强。

话刚说完,在大家还在理解你的话的时候就要下手了,因为光说不行,万一有不敏感的人误抓了羊肉包子也是个麻烦事。

所以在话快说完,大家还没动手的时候就要先下手,迅速一手抓起一个羊肉包子。

第三步是做出吃亏状。

抓起来后,不能停,马上一个包子咬一口,立即做出吃亏的表情。为什么?因为你抓了貌似皮厚馅少的包子,和其他人比起来,吃亏了。

嘴里还要抱怨,怎么我这么倒霉,拿的全是差的?

咬一口的另外一个用意是已经咬过的包子,别人一般就不会再要了。

第四步是骂退众人手。

这个时候大家都在幸灾乐祸,笑骂你的倒霉样,但已经开始要伸手抓包子了,所以要把咬过一口的两个包子放在自己碗里的同时,立即喝止:"别动!"等大家一愣,马上动手再拿两个包子,同时说出一番委屈的话:"每人就四个包子,我已经拿了两个差的了,怎么也得吃到一个好的吧。"

这番话的主要意图是让大家的注意力集中在你说的话和你委屈可笑的表情上,而忽视你拿的包子上都有一个共同的标记。否则一旦他们反应过来,你手里的两个包子就会不翼而飞了。

这样你就拿到了全部四个羊肉包子。

你的计策是什么呢?

上面这套路数的要点,一是动作快但节奏慢,节奏的变化容易引起他人的关注,因为人的节奏相似度高,有变化就会引起他人的注意。而动作的快慢因人而异,大家不太敏感;二是各部分要协同进行,手、眼、嘴、脸、脑高度协调,实施行动,观察反应,说出言语,做出表情及思考对策要一气完成,有脱节就会有漏洞;三是充分利用人的常理性思维,即谁都想不到会有羊肉包子,这样就可以从大家的常理认知入手,充分调动、把握这种群体性的心理;四是心不能虚,这本来就是个很好玩的事,不要有心虚的感觉。这样就从容自在了,计策施展起来也就跟真事一样了,大家也就更不会起疑心了。

可是实际结果是我到底吃到了几个羊肉包子呢?

结果是两个加两口。因为,在大家还没动手之前有人就拿到了四个包子这个现象让大家本能地起了疑心。两三个同学眼神迅速起了变化,准备站起来。我来不及拿碗,手里抓着两个包子就跑了。碗里的两个包子就被别人抢走吃了,虽然已经被咬过了。

要有这种敏感的本能,这对人一生的生存与发展是非常重要的。

另外还要有"不在乎"的心理素质。等我几口吃完包子再跑回去的时候,那两个抢到包子的同学正在其他人的笑骂声中炫耀羊肉包子的美味呢。是呀,咬了一口又能怎么样呢?虽然有一点不爽,但你却吃到了几乎一整只羊肉包子。

## 训练8 亿万富翁相亲为何"一眼看中工作人员"

据"四川在线"网站报道,在一个有600多名单身白领参加的相亲会上,有一位身家过亿的富翁相中了现场的一位女工作人员,可惜这位女孩已名花有主了。

下面是摘录的有关内容:

"我过的就是一个普通人的生活,我从来不认为自己是富翁,我就是一个普通人,以一个普通人的身份来参加活动。"资产达数亿元的张建(化名)按时来到了高新区单身青年联谊会,与其他单身青年一样凭券进场,领取缘分表,参加趣味游戏。现场很多人不知道,他们当中还有这样一个亿万富翁。张建说,他不想别人知道他的身份,更不想别人因为他的身份而和他主动交谈聊天。

与参加联谊的女孩子没有太多交谈,张建却一眼看上了一名工作人员。"我刚进场就看到了那个女孩子,她东张西望的,感觉不错。"张建说。他感觉这个女孩子各方面的素质都很好,无论是穿着还是举止都显出一种特别。但他还是不好意思上前打招呼,只得委托朋友去打听女孩子的情况。

"她有男朋友了。"朋友打探后回来说。听到女孩子有男朋友后,张建失望的眼神一闪而过。他说:"她有男朋友没有关系啊,还是可以认识一下,当普通朋友交往也很好。"听说女孩子没有雨衣之后,他还主动要把雨衣"贡献"出来。下午5时许,因为工作忙碌须赶乘飞机离开成都,张建提前离开了现场。临走时,他请另一名工作人员转递了一张名片给那个女孩。

请问,这位亿万富翁为什么与参加游戏的女孩子没有太多交谈,而一眼看上了一名活动工作人员?

说明:

这道习题不是训练如何找对象的,当然不可否认,认真研究这个故事也会起到这方面的效果。

这道习题的用意首先是启发,认知什么是市场经济需求的品质。因为不可能让这个社会去适应你,而是你要适应这个社会。年轻人的特点之一就是未定型,有各种思想、意识、主意与价值观,但不管是什么样的思想、意识、主意或价值观,只有符合市场经济的需求,以后才能在市场经济中取得好的结果。这道题就是为学生筛选、甄别、优化和塑造符合市场经济的品质,提供一种方向感。

但这种筛选、甄别、优化与塑造不是强制执行的过程,而是比较利弊、择优选用的过程。以将来在市场经济中获利多少为标准,将自己当前的思想、意识、主意和价值观与从这个故事中感悟出来的进行利弊比较、成本效益比较,哪个有利于你的发展,哪个有利于将来获得更大收益,就选用哪个。

参考解答：

这位富翁之所以"与参加游戏的女孩子没有太多交谈"，而"一眼看上了一名工作人员"，显见的原因是这名"工作人员"与"参加游戏的女孩子"有明显的区别。那区别在哪里呢？

为了便于研究，就从材料所给的内容出发进行分析，不作广泛联想与讨论。

先用排除法，首先肯定不是相貌出众。由报道可知，这是一场"有600多名单身白领参加的相亲会"，由于当前参加这类活动的女生普遍多于男生，因此"参加游戏的女孩子"至少在300名以上，她们中就没有一位漂亮的吗？而这位亿万富翁"与参加游戏的女孩子没有太多交谈"。

其次肯定不是打扮出众，因为"参加游戏的女孩子"都是为找对象来的，自然会精心打扮。而"工作人员"既无须要也无必要按找对象的标准去打扮。

再次肯定不是能力出众，因为是"工作人员"，加之年龄小，能力一般不会达到亿万富翁认可的程度。另外即便有很强的能力，由于是"工作人员"，没有"领导人员"那样的展现舞台，所以有能力也很难体现出来。此外"一眼"说明时间非常短，就是说即便有能力也没有展现的时间。时间、空间条件都不具备，可以排除能力出众这个因素了。

那到底是什么让亿万富翁一眼看上这名"工作人员"了呢？排除了以上三项，与"看"能联系上的，与其他"参加游戏的女孩子"相区别的就只剩下气质、神情、态度了。下面将这名"工作人员"与其他"参加游戏的女孩子"进行对比分析。

首先，参加这个活动的女孩子的目的是为了自己找对象，也就是说，是"为自己"来的，而这名工作人员是为工作来的，或者说，是

"为别人"来的,一个是"利己"的气质,一个是"利他"的气质,区别就大了。而在市场经济中能成为亿万富翁,一定是自己提供的技术、产品或服务符合市场需求,能够满足消费者的需求,或者可以说具有很强的利他性,才会产生如此巨大的市场价值。所以这位亿万富翁对"利他"的气质会产生本质上的认同,具有这种价值观的女孩子更可能成为"贤内助"。

其次,这名工作人员是来工作的,或者说是为其他"参加游戏的女孩子"服务的,因此就不会像其他找对象的人那样总是想着自己能不能找到合适的对象,始终盯着出色的男生,反复权衡男生的个人情况,而显得有些"局促"与"小家子气"。她要关注整个场面、形势,观察全体人群的表现与反应,在神情上就显得大方、大度、视野开阔。对亿万富翁来说,肯定经历过较多的挫折与坎坷,肯定明白大方、大度、视野开阔才能赚到更多的钱,因此更喜欢这样的女生,与对方可以更好地进行思想交流,对方也会更好地理解自己。

再次,这名工作人员的工作是撮合有情人的,其工作业绩就体现在撮合成功的数量,又是在做着人人都认可的"好事",所以才会"东张西望的",因此态度必然会积极、主动,显得活泼可爱。而亿万富翁工作忙、压力大,自然会喜欢心理健康、开朗活泼、会为自己提供很强的心理支撑的女生。而其他女孩子在找对象的过程中,总会不由自主矜持一些,就显得不那么灵动、可爱了。此外,由于是"工作人员",看待异性的眼神必然是淡定、自然的,还会有一些鼓励、怂恿的意味,而其他女孩子则会从自身出发"审视"接近的男生。对亿万富翁来说,最担心的就是女孩子为了钱而接近自己,因此会非常警惕,所以淡定、自然的眼神才会取得他的信任。

以上是对这个问题的一些基本分析。之所以选择亿万富翁的故事,绝不是鼓励大家都去找亿万富翁,而是想说明成功人士之所以成功，必然经历丰富，对人、社会的认知更深刻一些，更能反映出一些规律性的问题。

这个故事有一些启发，找对象的核心要素不是长相与打扮等外在的东西，而是利他，为社会服务，积极进取，活泼开朗，淡化物质条件的思想观念、精神面貌和态度心理。此外，个人能力也是非常重要的要素，只是这个故事没有涉及。

另外一个细节也要注意，"临走时，他请另一名工作人员转递了一张名片给那个女孩"，为什么明知对方有男朋友还"转递了一张名片给那个女孩"？因为成功人士都是锲而不舍的，也说明具有以上品质的女孩子是多么难得。其实这种品质说难也难，说不难也不难，只要转换一下观念与思维就行了。

当然，社会上有很多与上述启发相反的观念与实例，但只要深入研究，尤其是研究那些观念与实例的结果，就会发现那些观念是不靠谱的。

但凡炫耀物质条件而不是幸福写在脸上的，都是苦命人。

## 训练9　当铺收了假画怎么办

小说《寻访"画儿韩"》中有这么一个故事。

故事发生在二十世纪三四十年代。主人公是一家当铺的经理，祖传几代倒腾字画，无论识别古画还是做仿制品，都有绝技在身。

有一个小报记者，是八旗子弟中最不长进的那一类人。有一次得到了一张仿北宋著名画家张择端的画，题作《寒食图》，用的是宋纸古墨，加上了"乾隆御览"之类的印鉴，并仿古装裱作旧。

为用这幅画来骗一笔钱，那个小报记者，装扮一番，把画拿到这个当铺去当。

不知什么原因，这位当铺经理当时没看出来画是假的，当场给付当价大洋六百块。

但行家到底是行家，事刚过就明白了，真是玩了一辈子鹰，叫鹰啄了眼。不仅破了财，面子上也很不好看，栽了一个大跟头。

但是行家毕竟是行家，不能就此善罢甘休，于是演绎了一个具有传奇色彩，叫人大开眼界、拍案叫绝的故事，那他是如何做的呢？

请写出你的应对办法。

（注：过去的当铺相当于一个做抵押贷款的小型金融机构。

流程是客人把物品送到当铺做抵押,以获得相应资金,并约定期限与利率,在期满之前,拿本金加利息去赎回抵押物。期满不赎,抵押物品归当铺所有,凭其自由处置。如抵押物品有损失,则当铺加倍赔偿。)

说明:

这道测试题是训练心机谋略的,会让你既感受到江湖的险恶,又体会到"斗智"的乐趣与计谋的高妙。经过训练,以后进入社会,面对复杂的社会环境、人际关系和激烈的职场竞争,就心中有计、手中有剑了。

参考解答:

这个故事摘自小说《寻访"画儿韩"》,当铺经理叫画儿韩,小报记者叫那五,假画作者叫甘子千。

事情发生后没过几天,画儿韩租了恭王府靠后海的一个废园做寿,邀请包括甘子千在内的业内众多同行、好友赴宴。那天,画儿韩精神爽朗,酒过三巡,说:

"今天要单为兄弟的寿日,是不敢惊动各位的。请大家来,我要表白点儿心事,兄弟我跌了跟头了!"

众人忙问:"出了什么闪失?"

"我不说大伙也有耳闻,我收了幅假画。我落魄的时候自己也作过假,如今还跌在'假'字上。一还一报,本没什么可抱怨,可我想同人中终究本分人多。为了不让大家再吃我这个亏,我把画带来了,请大家过过目。记住我这个教训,以后别再跌这样的跟头。来呀,把画儿挂上!"

然后就叫众人去看这个假画假在哪里,并特意叫甘子千发表意见。甘子千走到自己这幅画前,先看看左下角,找到一个淡淡的拇指指纹印,确认了是自己的作品。又认真把全画看了一遍,都佩服起自己来了——当真画得好哇,老实讲,自己还真说不准破绽在哪儿;若知道在哪儿,当初他就补上了。只能说有些俗气,纸是宋纸,"还是腕子软,墨是宋墨,难怪连韩先生也给蒙过去了!"

画儿韩爽朗地笑了两声说:"我这回作大头,可不是因为他手段高,实在是自己太自信,太冒失。今天我要劝诸位的就是人万不可艺高胆大,忘了谨慎二字。这画看来惟妙惟肖,其实只要细心审视,破绽还是挺明显的。比如说,画名《寒食图》,画的自然是清明时节。张择端久住汴梁,中州的清明该是穿夹袄的气候了,可你看这个小孩,居然还戴捂耳风帽!张择端能出这个笑话吗!你再细看,这个小孩像是在哪儿见过。在哪儿?《瑞雪图》上!《瑞雪图》画的是年关景象,自然要戴风帽。所以单看小孩,是张择端画的。单看背景,也是张择端画的。这俩放在一块,可就不是张择端画的了!再看这个女人,清明上坟,年轻寡妇自然是哭丈夫!夫字在中州韵里是闭口音,这女人却张着嘴!这个口形只能发出'啊'音来!宋朝女人能像三国的张飞似的哇呀哇地叫吗?大家都知道《审头刺汤》吧!连汤勤都知道张择端不会犯这种过失,可见这不是张择端所画……"

说罢,画儿韩往那画儿上泼了一杯酒,划了根火,当场把画点着。那画顿时忽忽响着,烧成一条火柱。画儿韩哈哈笑道:"把它烧了吧,省得留在世上害人!大家再干一杯,听戏去!"

甘子千回去就给那五详细说了情形,那五听说画儿韩把画烧了,大喜:"这回可是该着画儿韩败家了!"他要去赎当,如果画儿韩拿不出那幅当的假画来,就要照当价加倍赔偿。

画儿韩在自己屋里,听账房先生跑来说前头柜上有人来赎那幅假画,就说:"你告诉他,那幅画是假的,他骗走几百块大洋就够了。还不知足,跟他上官面儿去说理。"

账房先生说:"买卖人能这么回人家话吗?人家拿着当票,哪怕当的是张草纸,要赎也得给人家!拿不出这张草纸来得照当价加倍赔偿,就这样人家或许还不认可。怎么咱倒说上官面儿说话去?"

画儿韩无言可对,到了前面柜上,对着那五说:"我算计着一开门你就该来的,怎么到这钟点才来呀。不是要赎当吗?钱呢?"

那五给了钱,连同利息一共八百多块大洋。画儿韩把利息数出来放在一旁,把六百块入了柜,伸手从柜台下掏出个蓝布包袱,往下一递:"不是赎画吗?拿走!"

那五打开包袱一看,汗珠儿叭叭地落在地下:"画儿昨天不是烧了吗?"

画儿韩接茬说:"昨天不烧你今天能来赎吗?"

那五自语说:"这么说世上有两幅《寒食图》?"

画儿韩说:"你想要,今晚上我破工夫再给你画一幅!"

那五缓过神来,玩世不恭地一笑,向上拱拱手说:"韩爷,我开眼了。二百多块利息换了点见识,不算白花!"

"利息拿回去!"画儿韩把放在一旁的利息往下一送,哈哈笑道,"画儿是你拿来的,如今你又拿了回去,来回跑挺费鞋的,这几个钱你拿去买双鞋穿,告诉你那位做账的!就这点本事也上我这儿来打苍蝇吃!骗得过画主本人,这才叫作假呢,叫他再学两年吧!"

画儿韩的反骗计能够成功,主要靠三点:一是计策好,抓住骗子贪财的心理,出妙计,反骗成功。二是运作妙,以"做寿"这一合理正当事件行"反骗"之计,以当众"认栽"这一义愤之举衬托烧画的合理性,迷惑性很强,而且使整个反骗的过程不仅程序正当,而且逻辑合理,容易让骗子信以为真。而最绝妙的是画儿韩让假画的作者当场辨识假画并亲眼看到假画被烧,这样由假画作者亲自告诉骗子"亲自验证的画,亲眼看见被烧了",会使骗子确信无疑,从而胆大妄为再次出手。而如果是由其他人,或用其他渠道告知骗子这一信息,骗子会起疑心,对方是不是在用计"使诈",而不敢贸然再次出手。三是本领高,根据假画仿作的画竟然连假画的作者都骗过了,连淡淡的拇指指纹印都仿出来了,真是令人叹为观止。

这个故事说明几个问题,其一,"人万不可艺高胆大,忘了谨慎二字",不能"太自信,太冒失"。

其二,干一行不仅要精这一行,还要见多识广,知识渊博,更要融会贯通。比如:"张择端久住汴梁,中州的清明该是穿夹袄的气候了,可你看这个小孩,居然还戴捂耳风帽!"又如,"再看这个女人,清明上坟,年轻寡妇自然是哭丈夫!夫字在中州韵里是闭口音,这女人却张着嘴!这个口形只能发出'啊'音来!宋朝女人能像三国的张飞似的哇呀哇地叫吗?"再如,"所以单看小孩,是张择端画的。单看背景,也是张择端画的。这俩放在一块,可就不是张择端画的了!"

其三,江湖买卖,光凭本事还闯不出大名头,还得有"仁义"、有"气量"、有"路数"、有"韬略"。重名不重利,重事不重利。比如,"利息拿回去"既显得仁义,有名家手笔,扬了名,但又不追"穷寇",因为没必要为了二百块大洋就结下一个死敌,给行内留下一个"太狠"的印象,以后就不好和同行来往了。

更重要的启示是要有"计谋"。首先要不为所动。事情出了,再心神浮躁、着急上火也没用,最重要的是立即想办法应对。因此画儿韩非但没有精神"委顿",还"精神爽朗"。其次要不循常理。收了假画,常见的是认栽吃瘪,不再声张,或是托人情找关系借权势,把钱要回来。但画儿韩这两个路数都没用,反而另辟蹊径,借此机会把名头"打"得更响。力图使骗子不打自招。设"计"针对事情的性质,针对人物的特征,投其所好设"饵"。在这个故事里,骗子为财,那就要设计一个能让对方赚更多钱的圈套,这样就容易上钩。然后通过做寿,广邀朋友,当众烧画这种形式,既可以让这个信息广为散布,又不直接与对方发生关系,可以极大地麻痹对方,让其不请自来。而如果通过私下渠道,"定向"地传递这种信息给对方,则可能一方面使信息失真,另一方面还可能使对方产生警觉,见好就收,那效果就不好了。此外,还要不露声色。内心非常希望对方赶紧上当,但还要有一番"做作"。一来使对方信以为真,一步步落到陷阱里;二来也显得自己气度从容。当然,还要不追穷寇。不斗气、不耍狠、不图财、不结仇,就事论事,那心思就活泛了,主意就高妙了,举止就从容了,招法就老辣了。事情也就可以越做越大,名头也就可以越打越响,收益也就可以越来越多了。

# 第 2 章
# 悟识社会

# 第1节 步入社会的"三不、九要"

## 一、三个不说

一不说这个社会真复杂。

二不说人际关系真麻烦。

三不说发家致富真困难。

为什么不说?因为这是社会的正常状态,说这三句话等价于说"吃饱了真是不饿呀"。此外有说这三句话的工夫还不如去想怎样更好地适应社会,怎样搞好人际关系,怎样才能更好地赚钱。

## 二、三个要做

一要寻找批评。人最大的强势是不怕批评!此外批评也是领导认可你、使用你、提拔你的前提。因此要想人生有大发展,不仅要乐于接受批评,而且要积极地寻找批评,更要营造一个让领导与同事乐于批评你的氛围。

二要改变自己。社会不会适应你,只能你去适应社会。

三要服务他人。如果一生都没有服务他人的欲望,那你的生活状态肯定不好。反之,一进入社会就想着服务他人,则能提升你的生活状态。

### 三、三个要想

一要想人与社会的关系。有一个必然的基本的逻辑,你为社会做的贡献越大,社会给你的回报就越大,否则人类社会早就灭亡了。

二要想利他与利己的关系。人在社会中生存与发展的全部资料都要从他人处交换获得,你必须先让他人看到获利可能,他人才会乐于和你交换。交换的数量越多,你获得的资料就会越多。

三要想金钱与幸福的关系。金钱是用作交换的一般等价物,但要想让交换来的物品产生精神上的收益,金钱就无能为力了,因此要在追求金钱之外再加上一些对精神和文化的追求。

### 四、三个要有

一要有朝气。年轻人无权、无钱、无经验,可以说是"一无所有",唯一有价值的就是年轻有朝气,一定要善加利用。

二要有文气。在任何一种社会评价体系里,文化总是可以获得一些附加性的收益,因为人的生存与社会的发展都需要文化。

三要有勇气。处世有两种策略选择:一种是合理的,每次都这样选择,则人生就会呈一条向下的曲线;一种是进取的,每次都这样选择,则人生就会呈一条向上的曲线。因为要创造新的财富必须逾越旧有的规范。中国有句古话说得好,富贵险中求。

## 第2节　找工作的实质是出售自己的品质与技能

找工作的实质不是单纯的就业，或者找到一个工作。这种看法会形成误导，过于强调经济形势、就业环境、企业用人需求等外部因素，而忽视自身拥有的品质与技能等内部因素。

找工作的实质是在市场上，按市场价值规律，出售自己拥有的品质与技能，或者说在市场上用自己掌握的品质和技能交换用人单位掌握的货币和其他资源。

因此找工作不是说自己想找什么样的工作，期望什么样的薪资水平和发展空间，而是要看自己拥有什么样的品质和技能，这些品质和技能在当前的市场环境中需求状况怎样，最新的"售价"是多少，"购买者"是谁？

品质与技能如何理解？

简单地说，在找工作这一语境里，品质是指"是个什么人"；技能是指"会干哪些事"。

具体地说，"畅销"的品质包括为人实在、作风扎实、注重信用与荣誉、精神面貌积极向上、不斤斤计较、人际关系好、尊重领导团结同事、有礼节礼貌、心理承受能力强、组织纪律性强、有大局观、干工作全力以赴。

"畅销"的品质还有一点是当前比较缺乏的，就是"可塑性"。其含义一是"不定型"，即在大学期间不要陷于各种证书、绩点与学生工作中而形成不适应社会和实际工作的"学校型"思维模式及"学生型"工作方法。没有固定路数才可能在工作后尽快按照社会需求和工作实际掌握"对路"的路数。而如果有了相对固定的路数，用人单位还要先消除这种路数再建立符合其需要的路数，经济成本与时间成本都很大。另外有了固定的路数还会与新的路数产生冲突与矛盾，也不利于学生的成长与发展。二是"视野广"，即在大学期间不局限在专业课程的学习上，要广泛读书、看新闻，关注社会时事，广泛涉猎专业之外的政治、经济、人文知识，提高文化修养，这样才能在工作后敏锐地发现社会与工作的需求，找到方向与方法，"有智慧"地成长与发展。三是"后劲足"，大学生最大的资本是年轻，年轻最大的体现是朝气蓬勃、斗志昂扬、敢闯敢干、理想远大，这是后续取得大发展的强大内在精神动力。由于当前大学教育与社会需求存在较大的脱节，因此每个单位都需要可塑性强的学生，这样能够更好地适应工作环境与岗位需求，入手快、上手早、出手好，能够尽快成为单位需要的有用人才，尽早为单位创造效益，而且有很好的预期增值空间。

为什么这些品质"畅销"？一是在当前略显功利、浮躁的社会风气里这些品质相对稀缺。二是具有这些品质的人可以成为一个单位的稳定器、实干家，用人单位可以从拥有这些品质的人身上获得相对多的收益，因此需求广泛。相对稀缺且需求广泛，自然价值就高。

"畅销"的技能范围很广，针对不同的招聘单位与招聘岗位有不同的"畅销"技能。概括地看，第一要能够满足招聘单位的岗位需求，具有扎实的专业理论知识与技能。第二要有良好的学习能力与学习习惯。第三要有发现问题、研究问题、解决问题的强烈意识。第四要有宽广的知识面。由于所学专业与实际应用总会有一定的差异性,因此后三点其实更为重要。

每个人都拥有一定的品质与技能,对招聘单位来说,这两者有没有主次之分呢?借用一句常见的话可以说明:德才兼备干大事,有德无才能干事,有才无德干坏事。同时具有好的品质与好的技能自然是最优选择。若在品质与技能之间,首选品质,然后才是技能。没有品质只有技能,除非是招聘单位急需的专业人才,否则很难被选用;如果在这种情况下被选用,那也很可能在招聘单位解决了急需问题后,因为品质不好而被淘汰。

因此找工作之前,不要光想着自己要找到一个什么样的工作,而是要先想一想,自己拥有什么样的品质与技能,这些品质与技能的市场价值如何。如果不乐观,就要扎扎实实、认认真真地从提升自己的品质与技能入手,磨刀不误砍柴工。目前还在校的学生更要从这个思路出发,以市场为导向,好好打造自己的品质与技能,将来才能找到一个好工作。

# 第 3 节　为人处世的基本道理

## 一、生活中的哲学

（一）不要怕"黑"

经常听年轻人讲什么领域或什么事物很"黑"。

不由想：你是如何知道的？是当事人告诉你的？不可能，靠"黑"上位的人肯定不敢讲出来，因为他不会自毁自误；那是另一方的领导告诉你的？不可能，做了"黑"事的领导更不会讲出来，因为他也不会自毁自误。

那你又是怎么知道的呢？恐怕一是听没成功的人找借口、泄怨气，二是道听途说、以讹传讹。

当然不否认会有"黑"的现象，但在没努力之前就被所谓的"黑"吓住、困住，其结果只能是失斗志、乱心神，于己何益？

因此一是不想"黑"，因为想了也没用。只顾去努力、去奋斗，社会总体是公平的，努力了、奋斗了就会有回报、有收益。

二是不怕"黑"，真的有"黑"又能怎么样，就不奋斗、不努力，就放弃了吗？当然不能，所以只能打好底子，更加努力、更加奋斗地去抢夺一线生机。

（二）什么是"缘分"

缘分是一种客观的偶然。客观是指要具备两个人结合的各项条件，如性格、思想观念、物质条件等；偶然是指两个人遇到了。

当前的各种交友训练只是增加了偶然性，无助于对人的客观的认知与改善，自然效果不彰。因此想有一个好缘分首先要从研究自己的客观开始，搞明白自己的客观匹配什么样的他（她）客观，如何提高自己的客观以匹配更好、更多的他（她）客观。在这个基础上，再去想办法提高偶然。

（三）什么是中庸之道

"中"是无过无不及，即恰到好处，正合适；"庸"是正常、本原。"中庸之道"就是指恰到好处地按符合事物正常、本原规律的方法、路径去做。

中庸之道不是折中主义，但是由于事物正常、本原的规律不易探求，就只好采用近似的模式，即组织足够数量的各方代表在平等的基础上充分地辩论、指责、斗争、妥协，最后通过投票表决出一个最终方案，这个方案很可能是不符合中庸之道的，但却是最接近中庸之道的。也就是说中庸之道不是折中主义，但折中主义是简化了的、或替代性的中庸之道的方法论。

这个方法论的要素一是代表的数量要足够多、代表的范围要足够广；二是平等自由；三是充分辩论、指责、斗争、妥协；四是最终票决。

（四）人生没有抱怨的理由

人生没有抱怨的理由，因为现在的状况都是以前的思维与行为造成的。与其抱怨，不如去探究自己以前的思维与行为和现在的状况之间的逻辑关系，进而调适以后的思维与行为。

（五）你选择承受哪一种痛苦

社会上大体有两种可以相互替代但是只要生存就必须承受其

一的痛苦：一是改变自己的痛苦；二是社会性的一般性痛苦。

你会选择哪一种？

痛苦一意味着承受改变自我，按社会规范与"客户"要求去思考、作为、学习、自省与磨炼，是一种反人性的，但却是主动性的痛苦。

痛苦二意味着承受做房奴、蚁族等社会性的一般性痛苦。是一种非反人性的，但却是被动性的痛苦。

从现状看，社会上大多数人承受着第二种痛苦，是因为他们自觉或者不自觉地放弃了第一种痛苦，选择了第二种痛苦。

如果想将来不经受第二种痛苦，那么现在就必须主动地选择承受第一种痛苦。当然，这种痛苦仅仅是暂时的、初步的，与之相伴的是快乐和收益。

（六）长相并不重要

外表不重要，但内在很重要。

长相可以差，但形象不能差；个子可以低，但境界不能低；眼睛可以小，但视野不能小；身体可以弱，但意志不能弱。

把形象、境界、视野、意志这四点做好了，前面的"差、低、小、弱"非但不是缺点，而且会变成炫耀的资本！

（七）永远不要"精明"

因为人都不是傻子，时间一长自然会看穿你的面目。这样同事会提防你，朋友会疏远你，客户会抵触你，而老板也不会信任你。这就等于自己给自己设置了一道障碍，隔绝了获利的信息、渠道、途径、资源，这样运道就会很差。所谓"人强命不强""怀才不遇""小姐身子丫鬟命"之说，大抵就是这个原因造成的。

（八）不要倔强

倔强不是硬挺，不是坚持，不是顽强，更不是不懈的追求。

倔强是一种自私的性格表现，实质是不愿意为社会的利益、组织的利益和他人的利益而改变自己的思想与行为。倔强会使反应与能力下降。

倔强会导致偏执，从而降低对外部环境变化的敏感度与反应能力，相应也就降低了规避风险与攫取利益的能力。

倔强往往寓示着一种悲剧性的结果。因为不顾及社会的利益、组织的利益和他人的利益，就必将受到社会的反制、组织的反制和他人的反制。

## 二、以社会为导向塑造自己

（一）你是什么性格只有天知道

常听有的年轻人说：我是个性格内向的人，我不善于和人交往，等等。

其实，你是个什么样的人，只有天知道，在你向上天问清楚之前，谁都不知道。年轻人，刚踏入社会，甚至还没有进入社会，各方面远未定型，就贸然说自己是个怎样的人，岂非痴人说梦？

更糟糕的是，这样不断地说自己是个什么性格的人，会产生强烈的心理暗示，时间一长，心理发育与成长就会受到极大的约束与局限，难以形成健全的心理与人格，甚至会异化成自以为的那种形态。

那"你"到底是个什么性格的人呢？根本没有必要去关注，该怎么样就怎么样。把心理、思想、精神、情感放到自然环境里，以一种本原状态来接受友善、爱护、挫折和磨难，从而形成一个健全的、有坚强耐受力、顽强生命力和广泛适应力的性格。

到这个时候,性格怎么表现都是正常的,都是为你自己的最大利益服务的。

另外需要注意的是,很多家长在孩子的性格发育成长期的特殊关爱起到了客观上的不良效果。比如,反复对不爱说话的孩子说要多和人交往,强迫孩子参加不喜欢的社交活动等,这其实也是一种长期的强烈的心理暗示,其结果是孩子反而按家长希望的反方向发展。

(二)永远不要"成熟"

只要心中存在一个想要跃升到的更高层次,你就不能成熟,而要不停顿、不懈怠、无休止地去盲动、去试探、去挑战、去出错。而成熟了,只能说明你已经被目前所处的层次所认可、所馈赠并有所满足,进而被固化、被定型、被束缚,再也难以跃升到更高的层次。

(三)要做"读书人"

1. 社会在配置金钱、地位、信息、机会时,历来都是"读书人"所得远大于"不读书人"所得。

2. 在中国的文化里,"读书人"有很多附加性收益,如"腹有诗书气自华",形象气质好,易受人关注、尊敬与认同,带来很多额外好处。再如,人类在创造物质财富之外,还创造了大量的精神财富,物质财富有钱就可以消费,而精神财富只有具备一定的文化基础才能消费。

3. 从书中汲取知识、开阔视野、提升思维,成本最低,涵盖最广,速率最快。

4. 上学期间不读书机会成本巨大,很多人此后一生都没有很好的机会读书了。

5. 在实践工作中积累的经验,用"书"来点化,可以尽快形成智慧,进而更好地指导以后的实践,事半而功倍。

6. 不读书是当前年轻人普遍存在的问题,他人不读书而你读书,占了一个稀缺性,很容易凸显个人优势。可以说,在现在的形势下,读书的收益比以往更高。

这里所说的书,当然不是单指课本了,也不是流行读物。

(四)学习赚钱的"方法"远比直接去"赚钱"重要

人都对钱感兴趣,但对赚钱的方法感兴趣的人就少了,对学习赚钱的方法感兴趣的人就更少了。更多的人都是"直接"去赚钱,因为这样看得见、找得着、拿得到。可现实是随着人对这三步的兴趣度逐步递减而收益率却逐步递增。"直接"去赚钱的人往往赚得少,而学习了赚钱的方法再去赚钱的,往往赚得多。

(五)要想和人不一样,就得和人不一样

经常有年轻人抱怨,说现在学风差,很多人都不学习,自己一个人学习还会受到其他人的嘲笑,最后只有随大流不学习了。

我通常会问:你觉得这些人的未来好吗?

答:不好。

再问:那你想和这些人的未来一样吗?

再答:不想。

这就对了,你要想将来和这些人不一样,你现在就得和这些人不一样。

要想和人不一样,就必须付出和别人不一样的成本,经历不一样的过程。与人不一样不仅是结果的不一样,更是开始的不一样及过程的不一样。

(六)做最后一个崩溃的人

不管在怎样艰苦、恶劣,甚至当时看来毫无希望的竞争环境与条件下,都要至少坚持到你的对手(们)中的一个先崩溃,或者说至少坚持到第一个崩溃的人不是你。

最佳状态是做最后一个崩溃的人！因为这时你就不需要崩溃了。

很多大好处其实并不是争来的,而是在漫长的、折磨人的、看不到前景的竞争过程中,其他人都挺不住放弃了,最后落到了你手里。

但要注意做"最后一个崩溃的人"并不是目的,而只是一种手段、一个过程。通过"不崩溃"来获得比"崩溃"多得多的收益,才是目的。顺着这个思路做下去,或许才可能成为"不崩溃的人"。因为利益导向产生的力量与支撑,远比你的意愿有力得多,也有效得多。

但这也是有技巧的,你可以在竞争中去观察、等待其他人第一个崩溃,第二个崩溃……即具有一种"旁观者"的心态,这可以极大地对冲和缓解你在竞争中必然会产生的紧张、收敛、焦虑的心态与压力,让你的"崩溃"过程尽量延长,帮助你"挺"到最后。

### 三、强悍自己的三种思维方式

1. 实用主义。实践是检验真理的唯一标准,不搞虚的、空的,就是要真抓实干。有利于自己的生存与发展是最重要的标准,折腾自己的、束缚自己的都要摒弃。

2. 拿来主义。尽量利用一切外部资源来扩充与拓展自己的能量与技能,是好的就学,处处留心才能世事洞明、人情练达。

3. 不想自己。因为你所有的生存资料都来自外部,所以总想自己没什么用,不要浪费精力、能力与时间在"内耗"上,要把全部的精力、能力与时间用在改造外部环境以促进自己的生存与发展上,发挥最大效能,取得最大收益。

## 四、"判逆"的重要性

"判逆"是人成长中的一个非常正常、非常重要、必须经历、不可缺少的阶段。其实质是"摆脱",可以极大地摆脱父母与学校教育产生的不当束缚,而在心理、情感、性格、思维与行动上逐步独立与成熟。

但现实是由于社会转型,父母与学校承受了比以往更大的压力,无法应对与宣泄,更无法从这个压力型的社会与生存环境中获得足够快乐,而被迫转向孩子,通过各种"感动"来获得心理兴奋与支撑,并用极富道德意味的"感动"实质催生出了"亲情压迫"甚至"悲情压迫",既压制、消解了孩子本应正常经历的叛逆,又由于这种虚的感动太多、实的情感太少而造成了孩子普遍的"情感缺失"。其结果是父母与孩子双方的无法独立。

对当前学生来说,叛逆期已过,不可能重来,因此这时要主动进行"判逆"。这个"判逆"不同于"叛逆"。首先是"判",站在社会的角度、人性的角度、快乐生活的角度,对父母与学校教育中不利于社会生存与竞争,不利于人性本能欲望与本质属性的实现,不利于快乐生活的观念、精神、文化、心理、思维、情感进行批判,进而"逆"之以解脱并重新塑造,让自己尽快独立与成熟。当然,这个过程非但不会"感动",甚至有些残酷,但为了父母与子女双方将来的好,必须要"判逆"!

"判逆"的结果,对父母与子女关系来说,剩下的只是亲情而非其他,想起的只是理解而非感动,要做的只是回报而非感恩。这样才能真正做到对双方都好,而不是幻念中的感动,实质的受罪。

剩下的只是亲情而非其他,是指与父母之间只有亲情,而没有影响子女的不当观念、精神、文化、心理与思维。而这样才能更真切、更快乐、更有力量地感受亲情。

想起的只是理解而非感动,是指剥离感动,真正地理解父母,这个理解到位有三个指标:一是在那个时间、那个环境、那个情感下,我也会这么做;二是一个事件的发生,涉及方都有责任;三是如果不以父母为研究对象进行客观、理性、第三方的研究,很可能会重复这个事件。

要做的只是回报而非感恩,是因为感恩实际上是一种对责任的逃避,是一种低成本的履行责任的方式。不要虚的感恩而要实的回报父母。也有人可能会问:既感恩又回报不是更好吗?但实际上"感恩"会使思维偏感性,而回报需要的是理性思维,因此感恩会影响实质性的回报。在感恩与回报之间,应该选择回报。

摆脱父母的束缚有什么好办法?很简单,说父母喜欢的话,做对你有益的事。"判逆"的是观念、精神、文化、心理、思维、情感,而不是形式。当然在初期,必要的形式上的摆脱也是需要的。另外,让父母找到自己的生活乐趣也非常重要。

## 第4节 不要被物质条件束缚

经常有言论说这是一个"拼爹"的时代,那么如果家庭条件不好怎么办,就只能放弃吗?

记住:钱能挡住你的手,但挡不住你的心,更挡不住你的未来!

### 一、你可以穿得不错

互联网上只要49元就能买到便宜的外贸羽绒服,款式质量至少不比大多数同学穿得差,再买一件同价位不同款式的,冬天换着穿。一件薄棉外套只要29元,去掉外面的上口袋就是大牌的风格,买一件。在网店反季采购低价大牌风,也可以花最少的钱达到最佳的效果。

### 二、你可以心性硬挺

1. 各种无聊、无谓、无意义且要花钱的聚会、聚餐一律不去。这样一是省时间,二是省钱,更重要的是不能养成自己好面子、图虚荣的穷毛病,那会使你不仅现在穷,将来也会穷。

2. 看经典的书。因为这样可以在当前社会普遍浅阅读的情况下,看到很多经过社会与历史筛选的有益观点与思维。成功人士的出身、经历、教育、行业各不相同,唯一相同的品质可能就是胆大、心狠、脑子快。而脑子快的前提是知人所不知,想人所不想,察人所不察,由此才能智人所不智。

3. 不回避自己的家庭情况,当然也不是逢人就说。家庭情况只是"过去",最多只是"现在",而绝不是你的"将来",所以没什么不能说的,没准将来还会成为你履历上的亮点。

### 三、你可以有文化才情

1. 图书馆的书是不花钱的,上网是不花钱的。因此大学期间你至少可以读 300 本书,并经常读报纸,这样可以每天了解社会时事动态,丰富见识,拓展视野,提高思维。这些不需要电脑都可以做到。

2. 学校里经常有免费的演出。比如可以去观看大学里经常会有的文艺演出,也可以去观看价格较低的戏剧演出。坐在剧院里欣赏戏剧,是可以提升修养与气质的。

3. 一张交通卡可以走遍城市的大街小巷,在博物馆、展览馆里思考,在石库门、小洋房前回想,在大酒店、写字楼下观察。花点小钱但可以感受时光流逝,了解社会百态。

### 四、你可以精神机灵

1. 你可以在家多干活,想方设法做事情,在学校也帮老师干活,动手能力强,有眼色、点子多、有礼貌、很机灵。

2. 你还可以有精神、不抱怨、不另类、不自卑、不自负,不以怪吸引人,不以道德感评价人,更不会自己折腾自己,对未来乐观、积极、充满信心。

3. 加上第三点的有文化才情,会有很多异性同学喜欢和你在一起,在校园散步、讨论交流,感觉好极了。与异性同学交流也不是非花钱不可,而且这样交往到的异性同学素质都不错。当然必要的情况下,买点吃的喝的一起分享也不要拒绝,谁钱多谁请客,不是多大的事。

## 第 5 节　励志鸡汤的实质是"折腾自己"的工具

学生拿来一本书《做最好的自己》。这个书名就有隐意：谁来做"最好的自己"？当然是"我"做"最好的自己"。可是，"我"不是"自己"吗？这样在潜意识里就把"我"和"自己"割裂开了。而如果进一步阅读书中的"刺激性"内容，会使学生在潜意识里进一步把"我"与"自己"割裂开，变成一对作用与反作用的矛盾体，而引发"我"对"自己"的种种折腾，并"轻易"得到心理性兴奋与快感，而阻碍了"相对不易"的"我这个人"的改进与优化。纵观励志书，基本上都是"我"要让"自己"如何做的路数。而实质上，正常的意识状态下，"我"与"自己"应是"一体"的人，而人只应是与外界构成一对作用与反作用的相互关系。只有在"病态"的情况下，"我"与"自己"才是割裂的。

因此这类流行的"励志书"很误人，读了非但无益还可能有害。或许有学生认为，所谓成功人士写的励志书，总有一些经验与方法可借鉴吧？其中当然会有一些可取之处，但由于学生既无阅历又无经历，缺乏基本的符合社会现实与规律的辨识能力，因而极易受"刺激性"的影响。故可取之处与"刺激"你"折腾自己"的不可取之处比起来，虽有所得但所得甚小而所失极大。而经典书，通常是对社会现象的归纳总结，且经过社会与历史的长期筛选，其之所以成为经典正是因为其符合社会规律，因此对学生来说是适用的、有益的。因此学生应去阅读能够提供让"我"如何"折腾"外界的方法论的经典书，因为人的生存与发展的一切资料都需要从外部获得。但是当前学生并不愿意阅读经典书，原因可能有二：

一是以学校与老师为代表的"管制者"基于自身需要而对学生做出的要求与"鼓励"。首先，"折腾自己"可以将学生的注意力转向"自我"而忽视对外部环境，尤其是制度环境与管理环境的不协调、不秩序、不合理的关注，减小管制难度。其次，"折腾自己"可以极大消耗学生的思维能量、精神活力与心理意志，使年轻人本应具备的批判力、逆反力与冒险力大大降低，而变得更加"顺从"且易于管理。与励志书类似的"折腾自己"的工具还包括"人生规划"。让毫无社会经验与人生阅历的刚进入大学校门的学生进行所谓"人生规划"（这里面有一个简单的逻辑谬误可以说明"人生规划"之荒唐：让学生做"人生规划"的人，他们哪一个当初的"人生规划"是现在"让学生做'人生规划'"呢？），除了起到让学生"折腾自己"的效果，还能有什么现实与未来的益处呢？

二是"折腾自己"可以非常轻易地通过"'我'折腾'自己'"的机制获得心理兴奋与心理快感，甚至不需要通过行为的任何改变而只需要通过"想象"即可实现。但是这种想象对学生本身没有丝毫实质性的收益，即在思维与行为方面没有丝毫优化和改进。而真正对学生有实质性收益的思维与行为的优化和改进则需要通过较为困难甚至痛苦的"人与外界的作用与反作用的机制"来实现。两者相比，趋易避难，会"自然"（实则是反自然）地选择"折腾自己"，而不去关注如何"折腾外界"的方法论，更不会主动地去"折腾外界"了。

在当前浮躁、繁乱的社会环境下,学生感到了很大的生存压力,因此"快速致富"就成为一种流行意识,于是让你"感到"能够快速致富的励志书成为一种很好的兴奋剂。但社会是按规律运行的,在浮躁、繁乱的表面之下才是正轨。

第 3 章
# 悟识人

# 第1节　为人处世的禁忌

为人处世的禁忌总结起来就是"三不、三差、三缺乏"。

## 一、三不

"三不"是指不知礼、不为人、不懂事。

"不知礼"就是不懂礼貌。通常认为懂礼貌是一种修养、一种素质，其实在社会交往中，懂礼貌更是一种获利手段。作为获利手段，懂礼貌不能直接获利，但是可以通过懂礼貌建立良好的外部环境与人际关系，从而大大提高获利的可能与频率，并能获得很多附加性收益。用经济学的术语表达，懂礼貌可以大大提高正的外部性收益。当前存在的问题，一是年轻人认识不到自己"不知礼"，二是不知道如何有"礼"。解决第一个问题，可以把自己的言行与"三大纪律八项注意"对照一下，不具备的方面就是无"礼"。解决第二个问题，就是严格按照"三大纪律八项注意"去做，"三大纪律八项注意"是最基本的"礼"。"知礼"是一个长期养成的过程，不是一朝一夕可以练就的，而且要将其固化为自己的思维模式与行为模式。

"不为人"就是老做一锤子买卖的事情，光盯着第一桶金，不考虑以后的财路与发展。或者只想着怎么赚钱,而不注意铺设创富的渠道与途径。或者与人交往只想当下,不计长远。通常的表现是遇到事情了,才想起来亲近管事的人或言语行动示好,事前与事后则置之不理。其实遇事再找人做工作,往往办不成事,即便办成了事,成本也是最高的。试想遇事时求人帮忙与有人主动帮忙,效果差别是非常大的。这个差别就体现在"为人"上。因为人"为"好了,事前有人提供信息,事中有人提供帮助,事后有人反馈情况,这样,事就很好办了。而若"不为人",即便通过努力办成了事,也是一锤子买卖,办成一件事也就断了一条路。

"不懂事"表现是不知好歹、不辨利害、不察声色、不分轻重、不思行止、不会进退,但核心是没有报答之心。工作取得了成绩,只想着是自己个人努力的结果,而想不到上级领导与同事的支持。这样做的结果就是让领导只能使用你而不能提拔你,同事只会利用你而不会帮助你。因为从领导与同事的角度来推想,领导提拔你,一方面是因为你工作出色,另一方面是希望以后得到回报。而同事帮助你一方面是"借重长才",另一方面是希望以后能够得到你的帮助。因此,不懂事,缺乏报答之心,就是断了这里重要的"另一方面",其结果就是举步艰难。而如果懂事,有报答之心,发展就顺畅多了。此外,人的思维方式会体现在形象气质上,一个不懂事、没有感恩之心的人眼神是直勾勾的,因此很可能你的上级见你第一面时就会通过你的形象气质来判断你是否"懂事",是否具有报答之心,很多人面试失败是有这方面原因的。而如果"懂事",有报答之心,你会在别人帮助你后帮助别人,甚至在别人不帮助你的时候,你也帮助别人,你的眼神一定是不一样的,会给人亲和感、认同感,不仅对面试有利,对将来发展也很有利。很可能将来工作的时候,即使能力、业绩与大家差不多甚至稍微差一点,但是因为你有感恩之心,就会得到更多的提拔机会与支持。

## 二、三差

"三差"是指心理差、形象差、举止差。

"心理差"的主要表现是承受能力差、情绪稳定性差与自我调节能力差。这主要是不正确的家庭教育造成的。现在年轻人的生活环境与他们父母当年的生活环境差异巨大,父母小时候所处的积贫、保守的社会环境与子女小时候所处的骤富、开放的社会环境完全不匹配,因此父母受到的教育及其形成的价值观、人生观也就不能正确指导子女的教育,并使之形成适应新的社会环境的价值观与人生观。其表现就是父母试图用一种自认为的,但是自己却从没有经历过更无从把握与掌控的所谓"好"的标准与模式来为孩子营造生活环境,塑造与养成孩子的人格、性格与心理。这样做的一个系统性的风险就是没有考虑社会的变化,或者只是考虑到了社会转型期的特点而没有考虑到社会转型完成后的长期稳定状态下的特点。

其特点一是过于强调物质生活条件的改善;二是为子女设定单一目标体系,比如,过于强调学习成绩而忽视学习能力与兴趣,过于强调就业与赚钱的能力而忽视生存能力,过于强调社会的竞争性而忽视了当前的社会已解决了人的生存问题且更看重生活的本质;三是刻意屏蔽了曾给父母年少时带去痛苦感受但却是社会本质性特征的所谓"负面"信息。这样,子女所受的家庭教育与所处的现实环境就产生了巨大的矛盾与冲突,也就形成了当前普遍存在的所谓"心理差"问题。当然,要求每一位父母都能准确认知当前的社会特质是不可能的,我们能做的只有从人的本性、社会的本质出发,基于正常的人应该是什么样的、正常的社会应该是什么样的、正常的社会生活应该是什么样的这些基本判断来教育子女,为子女打下一个符合"正常"社会状态的、适应"正常"生活方式的、体现"正常"人各项诉求的"正常"的基础,让子女走向社会后能够自主适应与调整。对现在的年轻人来说,要解决"心理差"的问题,一是反思自己所受的家庭教育,二是思考当前社会的主要特质,两者结合,去"不正常"而回归"正常",从而解决"心理差"的问题。

"形象差"主要是指个人的表现形式不符合待人接物的规范。形象包括两方面,其一是直接形象,即人们可以直接看到的,主要指神情气质与穿着打扮,体现在发型、眼神、着装、言谈、步态等方面。主要问题一是没有精神。眼睛没神,眼神游移,发型散乱,尤其是额前一缕头发耷拉下来。二是不大方。神情扭捏、懈怠,眉宇不舒展,言谈拘谨,无真知灼见,待人接物无规矩。三是不干练。步态松散、轻飘,思维、行为节奏慢、反应慢。四是不协调。着装不齐整,色彩混乱,配饰过多。良好形象的基本要求是精神、简洁、大方、干练,要体现出较强的亲和力、公信力与执行力。解决直接"形象差"的主要途径:一是发型要整齐,尤其是额前要干净,要露出额头。二是着装要大方,色彩配饰要协调。从年轻人的自身条件出发,不必买高档的服装,但是一定要去观察一线大品牌服装的款式、色彩与风格,再去购买符合自己消费能力的具有类似款式、色彩与风格的服装。这样既能保证着装方向不出错,又能培养自己的着装品位。三是要多读书、多思考、多做事,把眼神与反应练出来。

其二是间接形象,即通过一定渠道间接表达出的、能够感知但不能直接看到的个人形象。当前包括发短信、写邮件、打电话与拍照片。主要问题是无称呼、无问候、无署名、无逻辑、无格式、无顾忌。在照片上则是进行电脑处理使画面虚化缺乏真实感。解决途径一是学习相应的规范；二是要有结果意识，要从接受对象的角度来研判短信、邮件、通话、照片会产生什么样的结果与效果并进行主动的调试。

"举止差"主要是指站没站相、坐没坐相、吃没吃相。这也与社会转型快有关，物质条件快速改善，但是没有建立与之相适应的行为规范、缺乏认知。其实，中国传统中有非常好的行为规范，可以通过观看经典国产电影与电视剧中的正面角色来模仿借鉴。随着我国社会的发展与进步，会逐步形成具有我们自己优势特征的行为规范。

### 三、三缺乏

"三缺乏"是指缺乏朝气、缺乏勇气、缺乏文气。

"缺乏朝气"，当前有一个普遍性的现象，就是大学生"心太低"，加之社会环境的影响，使很多学生把人生的重要阶段性目标定位在就业上，反向影响到大学期间，就使年轻人呈现一种"仿成熟"状态，甚至有一种沧桑感，缺乏年轻人应有的朝气、志气、灵气与青涩气。其实就业仅是进入社会的一个最基本的目标，还是要更多地思考以后的人生发展与长远目标。试想年轻人无职、无权、无钱、无经验、无能力、无阅历，有的只能是梦想、是追求、是冲劲，以及不知天高地厚敢作敢为的无畏精神。而且这些东西是只有在年轻阶段才能产生的，也是年轻人最珍贵的品质与财富之一。

"缺乏勇气"，一个表现是有畏难情绪，遇事喜欢退缩，甚至逆来顺受，不愿意去挑战。另一个表现是缺乏欲望，没有斗志。其实青年阶段是人生最重要的"试错"阶段，这个"错"是指不触及法律和纪律规定情况下的错。因为在这个阶段做任何错事,一是经济成本低,年轻人没什么钱,即便参与一些经济活动,涉及的金额也很有限。二是损失影响小,即便出了错,也不会影响自己的职位、地位与将来的长远发展。而一旦进入社会、参加工作后再出错,就可能产生较大的经济成本与损失影响。此外在这个阶段出错,成本低、损失少但是收益却很大,不管对错,只要做了事,其实质就是本人与外人、自身与外界实现了一次互动,即自己做了什么,他人与外界的反应是什么,做的哪些事产生了对自己有益的反应与结果,做的哪些事产生了对自己无益或有害的反应与结果,这样可以从这两种相互作用中感知出、体察出、总结出一些规律性的经验,提升对他人、对社会、对组织的认知。这些对个人将来的长远发展是极其有益的。因此在大学阶段,一定要勇于做事,而且要勇于出错。

"缺乏文气",主要表现就是看书太少、人文素养差。人文素养简单地讲就是艺术、历史、哲学。艺术的作用借用一句话就是"使看不见的东西被看见",可以通过艺术作品看到生活表层下更贴近本质的真实的人生存在,可以帮助你做出更全面的、更现实的、更符合人的自然属性与社会属性的价值判断。历史的主要作用就是古为今用,任何事物都是有来处有去处的。对于任何事物、现象、问题、人、事件,认识其过去,才能理解其现实意涵,才能进而判断其未来,因此历史可以丰富思维、启迪智慧、开阔视野、探究规律。哲学的作用大家都明白,但容易把哲学与哲学学相混淆,哲学学是专业、是理论、是知识,而哲学对我们普通人来说,更大的作用是思维、是方法、是工具,是明道理、知善恶、识危机、得策略、求解脱的必由之路。

生存与发展是在一个多元、复杂、易变的社会环境里从事一项多元、复杂、易变的工作,事之不易,先固其本,要避免上述的三种现象,打下一个很好的基础。

# 第 2 节　如何"做人"

## 一、要有"挣饭"的意识

我当年考上大学后,由于专业是管理类,所以心里一直不踏实,总觉得不牢靠,家里也总是说"人没有手艺不行",万一将来单位没有了,自己下岗了,靠什么吃饭呢?得有个"挣饭"的手艺才行!

练什么手艺呢?先确定几条筛选标准。既然是为了"挣饭",那就是生存的最后的手段了,因此第一条是要有原始性,就凭一张嘴两只手,最多只用极其简单的工具。第二条是要有直接性,就是直接和顾客打交道,把把清的现钱买卖,因为要拖到明天收钱那今天的"饭"就没着落了。第三条是要有技术性,光靠卖苦力那钱赚得太辛苦而且没有增值空间,得是个"手艺"。第四是要有文化性,毕竟是个大学生,而且是个爱读书也读了些书的大学生,最好能够把这些文化知识结合到手艺里去,提高收益率。

上面四条是最基本的原则,但又想,真的混到"挣饭"那一步的可能性应该不大,这个手艺最好能和以后的正常发展结合起来,起个补充与推动的作用。

标准定了，就到处访亲问友、查阅资料，最终确定了一门手艺——推拿。推拿完全符合上述几个条件，而且能够有力地促进自己的正常发展道路，因为无论什么发展都要和人打交道，推拿练好了，同事、领导有个腰酸腿疼的，可以帮忙调一调、治一治，这就有了更亲近而有效的沟通渠道。因此，推拿不失为好手艺。

主意定了，就马上行动，报了一个函授学习班，那个年代的函授学习班还是比较正规的，有教材、有作业、有辅导。课余时间就积极学理论、练操作，感谢众多同学的配合与付出（他们本想舒服享受却不得不忍受疼痛），几个月学练下来就有了小成，开始给人治病了。慢慢地，还练出了一些自己独到的招法。

后来随着工作与单位的变化，这门手艺逐渐被荒废了，而且始终没用于"挣饭"，但这个手艺带给我的收获却颇大。

一是"挣饭"的意识大大提高了大学期间甚至整个青年时期思维的现实性、针对性、有效性，这种对人如何生存的思考是最本质、最重要、最核心的。二是这种最"低级"的想法及实践非但没有局限思维成长的空间，反而通过学"手艺"过程中的所谓学无止境、艺海无涯以及"行医"过程中"亲密"接触的各色人等，在"挣饭"的"演习"中发现了市场价值规律及积累了所谓"江湖"经验，大大拓展优化了思维。三是通过一段时间的"挣饭"模拟演练，发现通过这个手艺是可以解决生存问题的，而且加入自己的文化知识后还可以比较好地生存，于是就有了最根本的支撑，再做什么事心就稳了、胆就大了、脑就活了。四是在"手艺"之外，初步掌握了交际沟通、判断分析人、动手做事情、处理特殊问题的方法与路数，在以后的工作、生活中都起到了很大的作用。

因此"挣饭"的意识很重要。

## 二、为什么要有感恩之心

假设两个能力与业绩相当的人，一个有感恩之心，一个没有感恩之心，领导会提拔哪个？当然是有感恩之心的人！因为只有提拔有感恩之心的人，领导个人在将来才能得到好处，比如退休后还有人照顾，下台后说话还有人听，等等。甚至两个人在能力与业绩有差距时，也会选择能力与业绩稍差而具有感恩之心的人。同理，同事也会选择帮助有感恩之心的人，客户也会选择有感恩之心的人合作，因为这种选择会带来收益。也就是说，在能力与业绩既定的情况下，仅拥有感恩之心就会给自己带来更多的机遇与收益。

你可能会想，那我对帮助我的人感恩就行了，其他人则不用，这样不是可以节省成本，更有效率吗？

但是，在将来"会"帮助你的人帮助你之前，你很难判断出谁会帮助你，因为人无法预知未来，即便能够做出一些判断，那也局限在"愿意"帮助你的人中间，而最佳的状态是使现实愿意与潜在可能的人都来帮助你，这样才会获得更多的机会与收益。实现这种最佳状态的最佳途径就是具备强烈的感恩之心，使之成为你的一种内在品质，不断地表达感恩之心并体现在具体行动上，这样就会产生辐射效应来影响他人，使之愿意主动帮助你。

社会发展与运转的基本逻辑是理性的，必然存在一种利益保障与获得机制。而感恩之心就是以感性形式表达的基于理性基础之上的利益保障与实现机制，只是长久以来社会过于强调其感性形式而忽视其理性成分，造成社会性的感恩之心的缺失。

这仅仅是对具体的人而言，对集体、社会、国家来说，也具有相似的逻辑。对集体、社会、国家感恩，那集体、社会、国家也会主动地帮助你，只是形式有所不同罢了。

以前上课时曾在课堂上做过几次小调查,这个调查包括三个问题。

第一个问题是:

你会在资产过1亿元后出1万元请老师吃饭吗?

调查结果是大约36%的同学给予肯定答复。

第二个问题是:

你想成为资产过1亿元后出1万元请老师吃饭的人吗?

调查结果是大约87%的同学给予肯定答复。

可是把这两个问题比对一下就会发现,这其实是一个事情,只是提问的角度不同罢了。

提问的角度不同,却使调查结果出现了巨大的差异,其原因是人的思维方式存大巨大差异。

让学生对比这两种提问后,再问第三个问题:

哪种思维方式更有助于你实现"资产过1亿元"?

调查结果是大约93%的学生选择了第二种方式。

为什么两种思维方式会有这样的反差呢?

第一种思维方式中,一是思维的基点放在了"出1万元感谢老师",光看到了要"出1万元感谢老师",虽然也想"资产过1亿元",但是被"1万元"的"支出"限制住了"1亿元"的"收入",给思维带来很大的局限,思维不开阔、不积极,效果自然不会好。二是缺乏感恩之心,缺乏感恩之心,则他人看不到帮助你、提拔你的好处,自然帮助你、提拔你的人就少了,因此你在发展过程中得到的支持也就少了,效果自然也不会好。

而第二种思维方式则相反,一是思维的基点放在了"资产过1亿元",虽然也要"出1万元感谢老师",但这"1万元"与"1亿元"相比是微不足道的。因此思维是开放性的、积极的,局限性很小,效果自然会好些。二是体现了感恩之心,有感恩之心,他人会看到帮助你、提拔你的好处,自然帮助你、提拔你的人就多了,因此你的发展得到的支持也就多了,效果自然也会好了。

所以,一样的才能、一样的努力,思维方式不一样,效果也会不一样。一样的才能、一样的努力要想取得不一样的收益,调整思维方式是关键。

## 三、靠仪表飞行——用什么标准来判断获利性

"靠仪表飞行"是从空军飞行员训练中引用来的,大意是到了6 000米以上的高空,在高速机动与复杂气象条件下,人的方向感与平衡感会发生错乱。比如,对天与地的方向判断发生错乱,自以为是在向上拉升飞机,而实际上飞机却在向下俯冲,很容易发生事故。因此在这种情况下,飞行员被要求不能依靠自身判断,而必须依靠飞机的仪表来判断方向。

这个概念同样可以用来说明人对获利性的判断。每个人,包括学生都会自然地从自身出发来判断获利性,这是正常的,在日常生活中也是行之有效的,类似于在6 000米以下的低空,人的主观判断是准确的。但是对超出日常生活的领域,比如,如何获得更多的财富与更高的社会地位,类似于6 000米以上的高空,这种从自身出发对获利性的判断就会错乱。因为更多的财富与更高的社会地位依赖于更多的外部环境、组织与个人,具有更长的时间周期,而个人很难准确预测到某一较长时间周期后的社会需求以及那时的外部环境、组织与个人情况。因此人从自身出发来判断代表"更多的财富与更高的社会地位"的获利性非但不准确,而且往往会产生误导。

对于年轻人而言尤其如此，大多是20多岁的年纪，没有工作经历与社会阅历，对人、社会及人与社会关系的认知极为有限，凭什么来判断什么是对自己长远发展有益的东西呢？凭什么来判断什么可以使自己将来获得更多的财富与更高的社会地位呢？如果基于自身来对这些问题做出判断，则非但无益，而且肯定有害。

那么应该依靠什么来判断呢？

在"靠仪表飞行"案例中，"仪表"是指超越自身认知的能够反映事物特质的替代标准与外部标准。

替代标准是指当难以判断一个事物是否具有大的获利性的时候，可以首先判断人，即将这个事物带给你的人。判断这个人是不是坏人，这个人的生活状态（财富与地位）可不可取，这个人的社会评价正面不正面，这个人的精神状态正常不正常，这个人的所做所说是不是在谋取私利——这五条标准没问题了，这个人就可信。比如学生对一位老师讲授的内容或倡导的东西无法判断是否具有大的获利性的时候，首先判断老师这个人。他是不是坏人，你是不是认可这位老师的财富与地位状态，社会（学校、同事、已毕业学生）对这位老师的评价是不是正面，这位老师的精神状态是否正常，这位老师所做的事是否在为自己谋取私利？如果通过了以上判断，则这位老师就是可信的。

其次再判断事。做的事是不是坏事，方向正不正确，是不是违法乱纪，会不会危及学生的身心健康，符不符合社会发展的需要？这五条标准没问题了，这个事就可信。学生同样可以用这五条标准来判断一位老师讲授的内容或倡导的东西，如果通过了以上判断，则这位老师所做的"事"就是可信的。

人与事都可信，则学生不管自己能不能理解，能不能接受，都要主动接受，都要主动去理解。不仅要接受和理解，还要去行动。

比如要求学生去看戏剧,学生起初不理解,因为这是需要经济成本和时间成本的,而且很难想象会有收益。不理解怎么办？先判断人,买票的钱不是老师拿走了,而且老师自己也去看,其他也正常,那人就没问题。再判断事,看戏剧是正当的社会活动,而且社会发展需要人文素养,其他也正常,那事就没问题。人与事都没问题,那即便不理解也要去看。其实,看戏剧支付的经济成本与时间成本是一定会有收益的,只是这个收益不是当下产出的,而是将来产出的;不是在学生的认知范围内的,而是超出学生认知范围的。但是如果等学生将来能够认知这种收益了再看戏剧,就太晚了,更重要的是在学生个人成长过程中就缺少了一种非常重要的人文素养的培育。因此经过这两种分析,一来不会有害,二来既然无害,那么只要产生效果就只可能是好的效果。

至于这样做的效果好到什么地步,那就要依赖外部标准来判断了,包括社会的标准、历史的标准、人性的标准。

社会的标准。即社会是否需要,在多大程度上需要？比如很多学生认为读书无用。读书有没有用？老师与学生的判断都缺乏说服力,那看看社会的标准,即社会需要的是读书的人还是不读书的人？在一个相对稳定的社会形态（即非转型期,当前呈现剧烈特征的社会转型即将结束,而将进入一个相对稳定的状态）里掌握更多财富与更高地位的是读书的人还是不读书的人？当然这里所说的书不仅仅是指教材。

历史的标准。历史上的成功者是如何做的？历史上为国家与社会做出更大贡献的人是不是也获得了更多的财富与更高的地位？历史上光想着为自己获得财富与地位的人是否就能得到更多的财富与更高的地位？这个标准有助于学生了解人、了解社会、了解人与社会的关系。

人性的标准。在利益面前要不要分善恶？是不是所有的利益都是可以获得的？不当得利的最终结果是什么？用什么样的手段获利？手段的正当性对最终的获利有什么影响？这个标准有助于学生了解人生的最终收益，也就是净收益。人生的最终收益（净收益）并不等于人生总收益的价值量，人生总收益的价值量为人生的正当收益加上不当收益，而人生最终收益（净收益）则等于正当收益减去不当收益。

综上，判断某一事物是否具有大的获利性，不能从自身出发，而要超越自身认知，依靠替代标准与外部标准来判断，即"靠仪表飞行"。

## 四、找一个财富与文化兼备的标杆

动物成长的一个重要途径就是学习和模仿，小狮子要学习和模仿大狮子的生存与捕猎方式，才能掌握将来独立生存的技能。

人也是这样。学生成长的一个重要途径也是学习和模仿，因此必须要找一个标杆人物作为学习与模仿的对象。

那找什么样的人物作为标杆呢？

有大量财富的人？这已是当下的一种社会性习惯思维了，电视里也经常可见《财富人生》之类的节目。但是随着社会的进步，人的生存问题得到普遍解决，经济标准已经日益不能衡量或支撑人的生活状态了，对思想、精神和文化的追求将会日益显现。

有文化造诣的人？当下毕竟是经济社会，人的精神生活与物质生活都必须有强有力的经济基础。单纯的文化造诣带来的精神享受如果没有物质支撑，将是空洞的，也是缺乏说服力与吸引力的。

因此最佳选择是找一个财富与文化兼备的人作为标杆,作为学习与模仿的对象。

但是这个人不能离你的生活圈子太远,比如电视中经常出现的财富与文化兼备的人物,由于电视只展现了这些人的一个侧面,因此学习与模仿容易出现偏差。最好是选择能够在生活中接触到,可以真实、全面了解的一个财富与文化兼备的人,把他作为标杆。

至于这个标杆应该具有多少财富与多深的文化造诣,就要根据各人对自己的人生期望来判定了。也可以随着自己的成长分阶段设定,在大学选择一个标杆,在工作初期再选择一个标杆,在事业成熟与发展阶段再选择一个标杆,一步步地学习与模仿,这样对个人成长是非常有利的。

另外在学习与模仿中,切记不能机械,不能生搬硬套。学习是指通过研究、分析其发展过程与实践经历,形成对自己有益的启发、感悟,并用于指导自己的成长与发展。模仿是指观察、研究标杆人物的具体做事方法,提炼出一套模式,应用到自己的具体生活实践中,并在实践中不断思考、总结与优化。这样才能从标杆人物身上学到更多有益的经验与技能。

## 五、性格决定命运,气度决定格局

性格决定命运,气度决定格局可以简单地理解为干什么是由性格决定的,干多好则是由气度决定的。不管性格是什么,具体干了什么,有了气度,总可以干出些什么来。

(一)性格是什么

1. 性格的属性。性格不体现为生理特征,即每个人的高、矮、胖、瘦与五官布局、身材比例这些生理特征并不是固定地一一对应于某一种性格,也就是说你的高、矮、胖、瘦与五官布局、身材比例不会导致你具有相应的某种性格。性格是人的社会属性,主要体现为心理特征,因此可以认为性格是人对客观生存环境的主观反应。

这种主观反应可以表述为一个包含四个层次的逻辑系统:一是人基于生存与获利而对客观生存环境的认知;二是这种认知在人的行为举止中的体现;三是这种体现了认知的行为举止的客观后果,以及这一后果使行为人产生的心理反应;四是这种心理反应相互累积、叠加、作用进而形成新的认知。

2. 性格的形成。由上可得,性格的形成始于对客观环境的认知,进而表现为这种认知主导的行为的后果,再表现为这种后果的心理反应,还表现为由这种心理反应形成的新认知。可以看出,初始认知不变,则通过一系列传导形成的最终认知也不会变。当长期处于一个相对稳定的社会环境、生存环境中时,人的生存状态没有发生改变,通常人的性格会表现出具有长期稳定性的特点。也是常说的"人的性格很难改变",或者"人命天定"的一种内在逻辑。

3. 性格的干预。由上可得,初始认知不变,则最终认知不变,性格亦不变。如沿用"性格决定命运"的逻辑,则命运不变。那么如果初始认知改变了呢?即改变对社会环境、生存环境的认知,则由这种认知主导的行为举止会相应地改变,继而产生的后果会变,相应的后果产生的心理反应会变,由心理反应形成的新认知也会变,经过一定量的积累,则相应地性格会发生改变。如还是沿用"性格决定命运"的逻辑,则命运也会变。

4. 性格的改变。由上可得,性格可以改变,如果对目前的性格不满意,如何改变?根本方法是改变人对社会环境、生存环境的认知。从人的本性出发,都希望自己不变,而让社会环境、生存环境按照自己的需求改变,但这是不可能的。唯一可以改变的只能是自己。要从认知的思想与态度上改变,比如以前消极、负面地认知社会环境与生存环境,改为积极、正面地认知社会环境与生存环境;比如以前回避社会竞争、过于强调客观困难,改为勇于迎接挑战、积极克服困难;比如以前认为社会太复杂、人际关系太复杂,改为认识到复杂是社会与人际关系的本质属性,根本不需要再考虑其复杂性,而应考虑如何让这个复杂的社会与人际关系利于自己的成长与发展。改变了认知,也就改变了性格,也就改变了命运。自己主动去改变认知,也就是自己主动掌握了命运。

(二)气度是什么

1. 心理承受能力。"宰相肚里能撑船"是一种大气度,"大肚能容天下难容之事"也是一种大气度。心理承受能力强的人通常会表现出一种"静"或"不动心"的状态,这并不表示他不敏感,更不是反应慢,而是对重要信息、关键信息敏感,并能迅速做出反应;但是对次要信息、一般性信息不敏感,也无须做出反应。由于重要信息、关键信息在总的信息量中所占比例较少,因而在通常情况下表现出"静"或"不动心"。因此在锻炼心理承受能力时,首先要认识到"静"或"不动心"绝不是目标,而只是对次要信息、一般性信息的"不作为",即不虚耗精力、不浪费资源、不暴露实力、不激起物议。进而是练"动"或"动心",即对重要信息与关键信息第一时间反应、第一时间出手、第一时间制胜。

2. 对待事业的态度。"屡败屡战"是一种大气度,"愈挫愈勇,敢于胜利"也是一种大气度。大气度就是要勇于迎接挑战,敢于攻坚克难。收益大自然风险大,敢于承担大的风险才能取得大的收益。对待事业一般有两种基本态度,一种是守平求稳的态度,一种是敢于挑战的态度。第一种态度持之以久,则人生就是一个平滑稳定的趋向水平的曲线,无大亏亦无大赢,是一个"过日子"的状态;第二种态度持之以久,则人生就是一个趋势向上但波动较大的曲线,有大赢也可能有大亏,但却是一个可以取得"大事业"的状态。

3. 对待他人的态度。"君有奇才我不贫"是一种大气度,"唯宽可以容人,唯厚可以载物"也是一种大气度。容人仅仅是大气度的第一步,这不仅是一种美德和修养,更是成就大作为的基础。容人一是要能容人之长,二是要戒有得意之色而为人所不容。第二步是协作,即在容人的基础上形成团队,进而对人力资源进行整合与运用。一个好汉三个帮,一己之力有限,而众人合力则无限。第三步是让利,即首先保证让每一个与你合作的人先得利,甚至多得利。这样可以吸引更多的人来跟你合作,虽然表面上看与每一个人的交往获利不多,但可以拥有更多的获利点,进而可以整合众多获利点以获得规模性利益、组织性利益与管理性利益,从而获得大利益。

4. 对自己的预期。"海到无边天作岸,山登绝顶我为峰"是一种大气度,"男儿志兮天下事,但有进兮不有止"也是一种大气度。诸葛亮说"非淡泊无以明志,非宁静无以致远",其实这句话逻辑倒置了,倒显得有些机械,容易形成把"淡泊"与"宁静"变成目标的误导。合理的逻辑应该是"志明自淡泊,意远方宁静",志向明了自然会表现出对小利的"淡泊",意图长远自然会表现出对小事的"宁静"。有了对自己的大预期,就会有一种大气度,就会不"见小利"而"成大事"。但也要注意,必须"见有大利,必宜兴行",否则就不是大气度,而是无所谓了。

## 六、上课时选择坐在哪里的后果分析

按距离讲台远近把教室分成三部分,你选择上课时坐在哪个部分,前面、中间,还是后面? 如果是同等条件的两个同学,选择坐在不同的部分,将来哪个发展会更好些?

任何一种选择都体现了一种思维方式,不同的思维方式在大学阶段产生的结果差异不大,因为学校与学生、老师与学生间没有利益交流。但是不同的思维方式如果放在社会中,放在存在利益交流的环境里(比如与领导一起),产生的结果差异就很大了。

选择坐在前面,首先领导看得见,可以随着领导讲话内容的变化做出领导看得见的反应与眼神交流。积累一定次数可以让领导尽快了解、熟悉你,以后在提拔、任用或分配重要工作时,领导能够想得到你。因为领导在做这种决策时只会从熟悉与掌握的范围里确定人选。试想哪个领导会把重要岗位与重要任务交给一个自己不了解、不熟悉、不掌握的人呢?

其次在领导注意的范围内,自然不敢乱说乱动,这样可以约束自己、规范自己,增强对自己思想与行为的控制能力。而自制能力是支撑一个人取得事业发展的必要前提与重要基础。

再次可以近距离地观察领导的言谈举止与神态表情。一来可以提高自己。能成为领导的人,一般都具有丰富的社会阅历与出色的能力,是最好的实践老师。听其言、观其行、体察其思维,可以尽快地提高自己、丰富自己。二来可以了解信息。领导的神态表情与所讲内容的契合程度可以反映出领导对所讲工作、事项的基本态度,是走过场泛泛而谈,还是作为工作重点来抓,这样便于以后把握工作方向与重心。此外领导的神态表情是从容还是焦虑,可以反映出其最近的压力状态,而领导的压力状态通常也可以反映出一个单位的压力状态。了解这些信息,便于了解全局性的动态,并做出相应对策。

而选择坐在后面,则没有上述这些收获。只能是少关注、缺约束、没提高。久而久之,会被一个单位边缘化、非主流化。同理,在利益分配上,也会被边缘化、非主流化。

也有的同学会想,我上学时选择坐在后面,但我工作后会选择坐在前面。

这可能吗？一方面思维方式是长期养成且相对稳定的,不可能一朝一夕发生改变,即使强行使行为发生改变,思维方式也不会很快发生改变。另一方面,缺乏长期的训练与养成而贸然选择坐在前面,可能会乱说乱动举止反常而招致领导反感,甚至错误解读领导的信息而给自身带来风险,其效果还不如继续选择坐在后面。

很多同学在上课选择座位时并没有想这么多,一个重要的原因是没有把今天的思维方式和行为与以后的结果联系起来。如果联系起来了,自然会根据以后自己期望的结果来选择今天上课的座位。

## 七、现在的学生为什么没礼貌

礼貌是一种生存技能。

虽然很多人把礼貌看作一个人思想道德与文化修养水平的外在表现,但实质上,礼貌对于人,首先是一种技能。从社会发展与人类进化的角度看,人具备的任何一种技能都是基于获利需求的,不同的社会状态会形成不同的获利需求,进而影响人对技能的选择。不再能够使人获利的技能会自然弱化甚至被淘汰,而能够使人获利的技能则会得到强化。礼貌亦然,社会状态决定了人的生存状态,进而决定了礼貌的形态。

没有礼貌,是因为当前人的生存不再需要礼貌来获得外部支撑。

大学生还没有进入社会,其对礼貌的认知与执行主要来自父母的教育。而他们的父母显然是有礼貌的,那么为什么两代人会出现明显的差异?原因是社会状态与生存状态不同。

在他们父母成长的时期,物质匮乏,生活条件艰苦,一个人或一个家庭通常很难独自生存,必须依靠多个人或多个家庭的相互帮助。记得小时候住在一个大杂院里,经常是哪家经济困难了,就东家借点儿米,西家借点儿钱;哪家大人外出了,孩子就东家吃一顿,西家睡一晚。依靠相互帮助,才能艰难度日。基于这种生存状态,为实现更高效率的相互帮助,就要求人必须具备良好的礼貌素养与技能。通俗地讲,良好的礼貌素养与技能的一个重要目的是为了"求人"与"受人恩惠"。虽然"求人"与"受人恩惠"是一种很不好的心理感受,但由于生存是第一位的,因此培养这种良好的礼貌素养与技能的成本就成为一种投资,而负面心理感受则可以忽略不计。

到了现在的年轻人出生的年代,也就是"95 后"或者"00 后",物质生活条件得到极大改善,生存不再是个问题。大杂院也不复存在,变成了独门独户的单元房。基于生存需要的相互帮助大大减少,良好的礼貌素养与技能的现实需要大大降低。同时生存状态的改善,使心理感受与心理满足的需要大大提升,而"求人"与"受人恩惠"产生的负面心理感受与心理满足也使得培养与执行原来那种良好的礼貌素养与技能的成本大大提高。这两方面的变化,使得现在大学生的父母对子女在礼貌方面的培养与教育缺乏动力与压力,此外父母也不愿意子女再去承受负面的心理压力,因此礼貌的教育与培养大大弱化。其结果是现在的年轻人很多都没礼貌。

但是人一定要有礼貌,因为人的发展需要礼貌。

时间又过去了20年,现在的大学生面临着一个新的社会状态——市场经济;也面临着一个新的生存形态——当前人的生存已不再是第一位的问题,取而代之的是人的发展。两者相结合,现在的大学生面临的首要问题就是如何在市场经济环境下得到人的发展,这也相应地需要一种新的礼貌形态。

市场经济是一种协作的经济。随着社会分工进一步细化,需要经济社会的各个组成单位相互协作,才能促进经济社会效率的进步与发展。在这种社会状态下,人的绝大部分收益都依赖与外部的相互协作,都要从外部获得。而这种相互协作的效率、效果与效能直接决定了个人获益的多少。

礼貌作为一种重要的人际交往技能,可以有效提高实现相互协作的概率,进而促进与提升相互协作的效率、效果与效能,从而增加个人收益。如果说以前基于生存对相互帮助的需求催生了良好的礼貌,那么现在基于发展对相互协作的需求则再次提高了礼貌的现实需求性。

但应注意到,这前后两种礼貌既有结果与内涵的不同,又具备相近或相似的表达形式。

先说不同。首先是结果不同。基于生存对相互帮助的需求催生的礼貌,其结果是一种利益(财富、物资、服务)的转移,或者是双向转移,比如今天借你一碗米,明天还你一碗米;今天帮我看孩子,明天帮你照看门户;或者是单向转移,比如富亲戚对穷亲戚的经济扶持,等等。而基于发展对相互协作的需求催生的礼貌,其结果是一种利益的创造。市场经济下的相互协作,是在个体平等的基础上,智力、资金、服务、经验等要素的交汇融合,其目的是为了创造更多的利益。

其次是内涵不同。比如"谦卑、过分热情"是前一种礼貌的重要特征,而在当前的社会环境中"谦卑、过分热情"会给对方造成心理压力,使自己的信息与意愿表达失真,影响双方的判断,这些会大大提高交往成本,进而影响相互协作。因此新礼貌中会大大弱化这一方面,而更加注重平等与契约精神。

这两种礼貌具备相近或相似的表达形式,即都要有基本的礼仪规范,比如信函往来要有抬头、有问候、有祝愿、有署名,再如收到短信要回复等。基本的礼仪规范所起的作用是"标准接口",比如U盘的品种、规格众多,但都必须有一个标准的接口。不具备这个标准的接口,质量再好、容量再大、价格再低也卖不出去。礼貌也是如此,具备了基本的礼仪规范,才能和各种层次、各种类型的人"对接",获得更多"协作创财"的机会。

现在大学生的礼貌状态是"摒弃"了旧礼貌,但尚未"具备"新礼貌。但是要想获得更好的个人发展、拥有更多的财富,就必须有礼貌。只是现在已不可能由家长实施教育与培养,而要依靠自身来认知社会状态及特征、转变思路观念、优化行为举止,从而拥有良好的礼貌。

## 第3节 如何看待与优化自我

### 一、什么是自由

有人说,我追求自由,不要束缚。

既是"追求"自由,说明还未得到自由,追求自由其实是要摆脱当前所处的生存空间与环境的束缚和限制。

可是你凭什么摆脱这种束缚,跳出这种限制呢?

你必然是没有力量、缺乏资源、不辨方向、不识道路的,因为如果你具备了这四项条件,那你早就"自由"了,而不会还在"追求"。

自己没有这四项条件,那么力量、资源、方向、道路就要从外部获得,可是外部会按你的意愿来提供给你吗?通俗地说,他人会完全听你的使唤来帮助、配合你,使你有力量吗?

你能够不花钱或只花很少的钱就买来大量的资源吗?贤哲之士愿意为你指出自由的方向吗?社会会按照你的需求来调整规则以使你得到自由吗?都不可能!

你或许会说,追求不到自由,那就不要来束缚我。其实没人束缚你,而是你主动接受束缚。因为除非你自己种几亩地、住几间房、养几头牛,自给自足,不与外部接触,否则你生存所需的所有资料都要从外部获得。你得去找工作,而且是你主动去找老板而不是老板主动找你,老板聘用你的首要目的绝不是要束缚你,而是要保证他付出的钱得到相应的回报。从这一点说,是你主动地接受束缚,而不是谁主动地束缚你。

退一步讲,即使你真的摆脱了当前生存空间与环境的束缚和限制,你马上又会面临新的生存空间与环境的束缚和限制,又要开始追求新的自由,周而反复,自由永不可得!束缚永不可脱!

问题在哪里?问题在于你曲解了自由的含义。

自由到底是什么?

自由是一种人与他人、人与社会、人与外部环境的良性协调、没有障碍、没有摩擦的互相作用关系。而更大的自由则是指可以更充分、更好地利用这种互相作用关系到达更远的边界,也就是在更大程度上实现自己的意图与目的。这是理论化的表述,现实中无法实现但可以尽可能地接近。比如说,人际关系好,那就可以获得更多的帮助与支持来实现自己的意图;工作能力强,那就可以获得更多的物质财富来实现自己的意图;思维水平高,那就可以运用更多更好的手段与方法来实现自己的意图。另外,感悟一些处世之道,也有助于自己更加深刻地认识人、认识社会、认识人与社会的互动关系,解放思想,解脱精神,求得"清凉""自在"与"快乐"。这些做法都可以让人得到自由,而且可以得到更大的自由。

所以说,时时有自由,处处有自由,事事有自由,人人有自由!

自由是对自己所处生存空间与环境的因势利导的改造与利用,而非逃避、摆脱,更非抗争!因为这些是没有用处的。

## 二、不要有"自信"与"自信心"

经常有同学问如何才能自信,如何提升自信心?

其实根本就不需要有自信与自信心。

从字面上理解,自信是自己相信自己具有某种能力与水平;而自信心是自己主观认为自己具有的这种能力与水平可以完成某项工作或任务,可以做出某种业绩。

但是这有什么用呢?

我们都生活在市场经济中,人的生存与发展所需的一切资料都要在市场中通过交换获得。"自己相信自己具有某种能力与水平""自己主观认为自己具有的这种能力与水平可以完成某项工作或任务,可以做出某种业绩"仅仅是一种主观的心理过程与心理结果。通俗地讲,就是自己给自己定价,但是这个价格如果市场不认可、不接受、不付费,则这种主观的心理活动对于人获得生存与发展的资料是毫无意义的,甚至会误导并产生反效果。

因此在市场经济下,不要有"自信"与"自信心",而要有"他信"与"他信心",即"市场相信你具有某种能力与水平""市场客观认为你具有的这种能力与水平可以完成某项工作或任务,可以做出某种业绩",也就是以市场为导向,以市场标准为自我评价标准,才是有实际意义与实际效果的。

如果非要沿用"自信"与"自信心"这两个概念,那"自信"的内涵应是"自己相信'市场对自己的评价与判断'","自信心"的内涵应是"自己相信'市场对自己的评价与判断'可以在市场上按照市场机制获得相应的收益"。

因此,缺乏自信可以解释为一是不知道什么是市场的标准,二是按照市场的标准自己的定价比较低,三是由于在学校里接触市场较少,不能确信自己的价值真如市场定价那样高。自信心不强可以解释为一是不了解市场机制,不相信自己具有的品质与技能可以获得较高的市场出价,二是自己具有的品质与技能确实不能获得较高的市场出价。

因此,增强自信首先要了解市场的标准是什么,其次是按市场的标准提高与打造自己的核心竞争力,再次是一定要相信市场的评价。提升自信心首先要了解市场的交换机制,搞清楚按市场的交换机制自己当前具有的品质与技能可以获得什么样的市场出价,其次是按市场机制来提升自己的品质与技能。

其实不管是自信还是他信,"信"就是你完成的或做成的符合市场经济要求的事情的记录。这个记录优于你的同龄人,优于一般水平,你就可以获得更多的自信与自信心。学生主要是在校园里,接触市场机会少,但是可以按市场的标准与规则来评价自己,形成自己的记录。比如当前大学生中阅读的人少,而市场经济是需要有知识、有文化的人的,那么你多读书,具备了更多的知识与文化,你的记录就优于一般水平,自然可以获得自信与自信心。再如当前诚信不彰,而市场经济是需要诚信的,你具有诚信的品质,那么你的记录就优于一般水平,自然也可以获得自信与自信心。

可能有同学不相信这些,那么我举一个例子。当年知青上山下乡,由于高考取消了,政策宣传是他们要扎根农村,因此大多数人对前途感到渺茫,大多数人都不学习,只有很少一部分人在读书、学习。但历史总要回到正轨,1978年恢复高考了,只有少数读书的知青考上了大学,从此改变了自己的命运,过上了与不读书的同龄人截然不同的生活。

历史与社会的需求给予你的自信与自信心才是最大的自信与自信心!

### 三、"穷人"不能有"穷毛病"

这个话很难听,也容易引起歧义,因此首先要说明:这句话是说我自己的,不涉及、针对其他任何人!

这句话是我大学毕业刚工作时,一穷二白,为了求生存图发展,必须要改掉自己思想认知上的一些毛病,故采用了这样一种苛责己身的表述。

话虽难听,但以此为戒十几年效果却很好。而今当了老师,发现很多学生在思想认知上还存在我当年的问题,就拿出来供同学们参考。由于时易、人易、事易,故只能作个参考。

这句话产生于我本科毕业后刚开始工作时。作为一个出身传统家庭接受传统教育又初涉职场的新人,当时一个主要的困扰是不会和领导打交道。一是想自己位卑言轻,领导根本不会把自己放在眼里,主动示好只能是自取其辱;二是害怕和领导接触让别人看不起,说自己巴结领导。表现出来就是遇到领导躲着走,在与领导近距离接触时刻意地不做一些服务性工作。虽然自己心里非常明白与领导交往的重要性,但就是做不出一些自己知道必须做的举动。

时间一长,一位老同志看出了这个问题。有一次在一个气氛宽松的场合,他语气随意地问我:你父亲多大年纪了?我说50岁了。他又问,咱们领导多大年纪了?我说47岁。他又问,47岁应该算你的父辈了吧?我说那当然。他又问,那如果你父亲的朋友到你家,你会怎样做?我说那自然端茶倒水、殷勤招待了。他笑笑不再说话了。

谢谢这位老同志,几句话让我醒悟出了一些思想认知上的"毛病",就是过于考虑自己,或者说太把自己当回事,认识不到自己只不过是一个社会、一个单位、一种事业中的一个微小的分子。这个毛病使自己变得非常狭隘,甚至偏离了人之常情,这样不仅给自己造成了困扰,影响了个人发展,而且还扭曲了正常的上下级关系,影响了正常工作。试想,从领导的角度看,领导责任重、事务忙,自然不会关注一个职场新人的举动,更不会在意一个职场新人的主观感受了。从我的角度看,又有什么资格让领导在意自己,又凭什么让领导"给我面子"呢?退一步讲,年轻人受些"冷遇"不也是一个认知人、认知社会的机会吗?

由于这些"毛病"发生在我这样初入职场、一穷二白的"穷人"身上,而且如果不改变会使我一直穷下去,因此我把它叫作"穷人的穷毛病"。

想明白了,对策就有了——"穷人不能有穷毛病",于是我改变思路,首先出色做好本职工作,有作为才能有地位。其次在与领导交往中以子侄之礼相待,不卑不亢、不俗不媚,无非分之想而有亲情之乐,效果非常好。

此后随着工作阅历的增长,慢慢发现这种"穷人的穷毛病"不仅存在于与领导的交往中,还广泛存在于与比自己有财富、有权力、有地位、有能力,甚至比自己有魅力的人的交往中,概括地说,存在于一切与比自己强势、优势的人的交往中,也可以说是,存在于一切自己居于弱势、劣势的交往与场合中。基本逻辑都一样,由于处于弱势、劣势而自卑,由自卑而敏感,进而做出反常的言行举止,如过于冷漠、轻易放弃或极端反应。

既然"毛病"如此广泛存在,就不是一个感性认知的问题,而要进行理性分析了。客观地说,根据外部参照的不同,社会中的每个人都既是具有强势、优势的人,同时也是具有弱势、劣势的人。人们通常不会过于在意或过于关注比自己弱势与劣势的人,而把主要的精力放在谋求自身利益上,放在同比自己强势、优势的人的交往上,因为同比自己强势、优势的人交往产生的收益远远大于同比自己弱势、劣势的人交往。此外,相对优势、强势的人对相对弱势、劣势的人不会过于在意或不会过于关注。但这并不表示他们会忽视、轻视相对弱势、劣势的人,因为过于在意、过于关注与忽视、轻视虽然只是表现形式不同,但做出这两种行为的成本相同,都是一种需要额外支付,但却不能增加收益的成本。因此相对优势、强势的人通常不会主观故意忽视、轻视相对弱势、劣势的人,只是没有必要做出相对弱势、劣势的人所期望的过于关注与在意。换个角度,相对弱势、劣势的人又凭什么让相对优势、强势的人来关注与在意自己呢?这正是所谓"穷人的穷毛病"的核心所在。

我们在社会中生存,都想获得更多的财富、更高的地位、更强的能力。但客观地看,这些资源要素大部分要从比自己有财富、有权力、有地位、有能力的人手中获得,也就是说,从比自己强势、优势的人手中获得。不管你愿不愿意,不管你高不高兴,不管你如何看待比自己强势、优势的人,只要你想获得更多的财富、更高的地位、更强的能力,只要你想更好地生存与发展,你就必须具备与他们打交道的能力。这种能力的基础就是要超越自己的主观感受与狭隘思想,也就是"穷人不能有穷毛病"。

有作为自然有地位,有业绩自然有待遇,扎实做好工作,就能立于不败之地。在与人交往中,待人以诚,行之以礼,不卑不亢、不俗不媚,既无非分之想而又真心帮助,时间一长,就会发现其实人都是一样的,只是由于"穷"时缺经验少能力,看不到人的实质,而空生出许多"穷毛病"。

人本无强势、优势与弱势、劣势之分。

### 四、如何提高自制力

自制力不是强迫力。

很多人一直在努力提高自己的自制力,但收效甚微,其中一个主要原因是对自制力的理解有误,把自制力误以为是"强迫"或"逼迫"自己的一种力,这是很难取得效果的。因为人是一个能动的有机体,基于自我保护的本能,对任何一种施加的外力,不管是外部施加的,还是自身施加的,只要不是内生的,都会从内部产生一种反作用力,这两种力可能相互抵消,也可能作用不均衡而导向一个与本来意图有偏差的方向,都难以取得好的效果。

自制力＝强烈的欲望＋良好的修养＋环境的支持。

欲望是对自己未来的期望,是高于自己当前生存环境,高于当前所处阶层,高于当前自身能力,高于当前物质状态的一种期望。

只有拥有了强烈的欲望,才会有强烈的"不满足"、高目标的"巨大吸引"而内生出一种强大的推动力。自制力的本质不是强迫力或强制力,而应是一种推动力。

修养是长期的训练,就是指长期地做在形式上具有机械、重复、单调特征的事,虽然形式机械、重复、单调,但实质却在不断发展、改变、提升、优化。比如练武,长期训练,拳式套路是相对固定的,不变的是招式、套路,增长的却是功夫。

长期的训练并不是静态的,而是一个长期的不断接受外部批评与指正、内部进行反省与悟识的过程。同样以练武为例,光在体能与动作上练不行,还要有老师的批评与指正,要有自己的思考与悟识,才能长功夫。

只有经过这种长期的训练,才能把一些对人有利,但又与人的本能不符,因而通常不愿意接受与执行的思维与行为模式"打"进脑子里,形成条件反射,变成人的本能。

环境的支持是指周围的人与你有类似的欲望与修养,互相比较、促进,会形成一个强大的场域,会对你的思维与行为形成强烈的支撑。好学校的一个重要方面就是环境好,大家都强烈要求上进,都对自己有很高的预期,都具有一些修养,这就会带动、促使你上进了。

但是如果不具备这样的环境怎么办?那就要自己创造环境,即把眼光放远一些、放高一些,逾越你当前所处的环境,通过间接渠道与途径,比如网络、书籍、报刊,去了解与接触更高、更好的环境里的人,并进行比较与学习。需要注意的是,采用这种方法之初,很可能会受到当前所处环境的排斥、非议甚至贬低,这不是因为你的水平低,而是当前环境里的人从你与他们不同的举动中,预见到了一种你可能拥有的,而他们无法拥有的良好的预期,从而产生的心理不平衡导致了心理恐慌,因此他们被动做出一些阻止你这些举动的异化言行。但是只要过了初期这个阶段,当你拥有了实质上与当前环境相比的心理、思维与能力上的优势,就会形成强大的心理支撑,而不会再在意这种影响了。

因此提升自制力的可能途径,首先要有追求,要有一个高的目标,其次要乐于、主动地提高自己的修养,最后是营造一个利于自己发展的环境。自己制造一种强大的推动力,推动自己的发展。

## 五、不能太自我

有同学发来邮件:

> 李老师,您好!
> 我是××级的学生,从今年的4月份开始一直在复习考

研。现在正是考研冲刺的阶段,但是我发现正常的上课已经对我的复习产生了不小的影响,因为上课会把我每天的复习计划打乱。虽然不好意思这样说,但是我觉得现在这个状态下,去上课真的是在浪费我的时间,坐在教室里根本没心思听课,都会带着自己考研要复习的书过去看,但是那种环境下复习的效率很低。不是说我不想上课,而是现在的情况根本容不得我有时间去听课(我报考经济类,所以行政管理的专业课现在对我来说没有帮助),我要跨学校跨专业,要考上我心目中理想的学校还是有一定难度的,所以我不得不抓紧一切时间来学习,老师您能理解我现在的心情吧。现在我必须得集中精力解决主要矛盾,有些东西真的顾不过来了。

问题是我不去上课的话又怕老师会点名,去上课又会降低我的复习效率,内心一直挺矛盾的。这样的情况下我不去上课的话老师可以接受吗?请您给我点儿建议吧,我的想法有什么错的地方也请您指正。谢谢!

回复如下:

1. 关于上课的价值。由于个人掌握信息的局限,以及社会发展的不确定性,我个人和学生都缺乏完全能力来评价一门课的价值,只能依靠我们所处的教育系统来评价,而我们的教育系统设置了这门课。

这门课重点是讲思维、讲方法,而不全是知识,这样的设计对学生的长远发展有益。所以很难从长远说不上课产生的收益会大于不上课受到的损失。

2. 关于上课。同样,我在第一节课讲过成绩的计算方法,你可据此来决定是否上课,我也据此来计算成绩,这是一种规则。规则是市场经济的基础。若因人而异、因事而异,就不是规则了。上不上课不是大事,但由此导致规则的异变对其他学生"规则意识"产生的影响就大了。

3. 关于"请您给我点建议吧,我的想法有什么错的地方也请您指正"。简单化的对错判定是缺乏说服力的,其实也没有简单化的对与错。我们从另一个角度来讨论思维模式。

你的邮件正文共 376 个字(不含标点符号),而其中"我"字就达 20 个,再加上"自己"2 个字,"我"+"自己"占总字数比例为:$22/376 \approx 5.85\%$。而如果从这 376 个字中去掉"我想""我认为""我要"之类的句子,就只剩下两句话了:"李老师,您好!""谢谢!"

从这个简单的统计可以看出,你的思维基本是以自我为中心,基本没有考虑老师、学校、规则这些外部因素。这种思维在学校里,因为你和学校、老师、其他同学之间基本不存在利益往来,是看不出来实际效果的。但到了社会上,因为你的绝大部分利益要从外部获得(除继承、接受馈赠外的所得),这种基于自我的思维模式会使你缺乏对外部信息的敏感性,不能及时、准确地把握外部环境的变化、判断外部信息的获利可能,进而不能有效利用外部信息获得最大收益。或者说,你为这种基于自我的思维方式支付的成本会在很大程度上"对冲"掉你在其他方面的努力产生的收益。即使这种努力是远超他人的,其结果也很可能是"勤劳而不富裕"。

或者你会想,在学校是这种思维模式,到了社会上就会用另一种思维模式。这种想法一方面忽略了思维模式形成的规律,即思维模式是长期养成的,是自身长期生活实践的产物,不可能在一朝一夕就演变为另一种优化的思维模式;另一方面,这种想法忽略了思维模式转换的成本,即在不同的时间点支付的转换成本是不同的。在社会中经受不断的考验、挫折甚至打击而从基于自我的思维模式被动转换为基于全局的思维模式,会支付大量的时间成本与经济成本。而在学校里完成这种转换则会节省这些时间成本与经济成本。

以上仅供参考。

## 六、老实人吃亏吗?

经常听学生讲老实人会吃亏,那老实人会吃亏吗?

老实人吃不吃亏,或者讲老实这种品质的收益性,在不同的社会背景下有着不同的解读。

在计划体制下,或者说在计划体制及之前的历史时期,由于物质条件匮乏,社会财富分配更多表现为一种财富转移。通俗地讲,就是财富总量既定,人数既定,既定的财富在既定的人数中进行分配。其特征是某一人的财富增加必然引起另一人或其他人的财富减少。在这种情况下,"老实人"必然会吃亏。比如单位分房子,20个人分10套住房,手快的、心狠的、背后使劲的必然分到房的概率就大,而不会"来事"的、厚道的、心软的分到房的概率就小。也就是"不老实"的占便宜,而"老实"的会吃亏。

而在市场体制下,或者说在市场体制及其后的时期,物质条件充裕,社会财富分配更多地表现为一种财富创造。通俗地讲,财富总量不定,人数也不定,不定的财富在不定的人数中进行分配。其特征是某一人的财富状态主要依赖于个人的财富创造,其财富增加不会引起另一人或其他人财富状态的改变。

在这种社会体制下,财富的创造依赖于人与人之间的协作与各种要素的组合转化。比如,一人提供资金、一人提供管理技能、一人提供技术、一人提供场地,等等。人与人之间相互协作,各种资源交汇、融合、转化,进而创造出比投入的各种要素价值量更多的财富。

这种财富创造方式对人的品质提出了与计划体制时期完全不同的要求。"老实"代表着诚实、守信、可靠,会大大降低相互协作的成本,保证投入资源的安全,因此会大大提高财富创造的效率与频率,相应地也大大提高了收益。而"不老实"代表着不诚实、不守信、不可靠,会大大提高相互协作的成本,增加投入资源的风险,因此会大大降低财富创造的效率与频率,相应地也大大降低了收益。因此在这种体制下,"老实"的收益会大于"不老实"的收益。

学生对"老实吃亏"的印象主要来自家长的经验,而家长的经验主要产生于计划体制下,已不适用于市场体制。

当然,人获得财富的多少还要依赖于个人能力、外部环境、机遇等因素。但是如果在其他因素相同的情况下,在市场体制下,"老实"的收益会大于"不老实"的收益。

因此,最佳状态可能就是做人老实,做事精明。

## 七、要学会"批判、辨别、质疑"

批判是批驳与判断,即对已有的社会领域的观点与结论(甚至是所有已有的观点与结论),进行有理有据有论的"针针见血"的批驳,然后提出自己的有理有据有论的"拳拳到骨"的判断,提出自己的观点与结论。

但当前存在的问题是不批判而反叛(逆反),因为批判的核心是斗争,需要勇气、智慧与武器(理论武器),而反叛(逆反)是胆怯、消极与逃避。当主观与客观不兼容时,弱势者往往选择后一路径调节自我。

辨别是指用平等、客观、理性的原则在多中取一,或是分析客观存在的某一事物是否与自己主观印象中的该事物相同。平等是指所有事物在辨别之前在主观上都是等价的,即不在辨别前就前提性地认定某种事物更有价值,否则会影响辨别的效果。客观是指以市场价值、市场法则、市场机制为依据,而不是主观想象。理性即是价值原则,即尽可能地按市场规则给事物明确一个货币价格。

辨别事物,当然是为了自己的收益(经济或其他收益)增加,因此应符合三个标准,即一生的收益、人性的解放、市场的法则。在当前的社会背景下,只有符合这三个标准,辨别才可能产生或精神、或物质、或精神物质两方面的收益。

但当前存在的问题是我们的辨别,不是用平等、客观、理性的原则,而是用个人好恶、主观自我、感性随意来辨别事物。这种做法在大学阶段还未见其害,但进入社会后,其发展轨迹与市场法则、人性享乐、收益实现的内在规律及要求相违背,其害必现。

质疑一是以质相疑,即有证据、有研究、有支持地去疑;二是于不疑处有疑,即对众口一词、异口同声,或司空见惯、不以为意的事物起疑;三是向上疑,不以自己当前之弱小地位为意,视野向上,敢于审视社会之成法而起疑。

但当前存在的问题是无质无疑,一是喜好空口白牙妄发抱怨,无质而怨;二是胆小怕事,畏缩无疑,墨守成规。长此以往,必然庸碌无为。

因此,学会批判、辨别、质疑,可以训练思维、培植意气、悟识道理、拓展视野、探察社会,对将来一生的发展都是至关重要的。

## 八、"我要勇敢面对"的不对

经常听一些学生说"我要勇敢面对……",但鲜见有效果的,也不明所以。

近日看有学生推荐这样一段话:"我有一件事情还蛮强的:我会假装勇敢。然后在假装勇敢的过程里面,我试着学习勇敢。我觉得很难得,有一点点的勇气就可以鼓励你做很多的事情。"看完这段话,对"勇敢"的事,有了些思路。

看《动物世界》,发现里面没有动物是假装勇敢的。真正的猛兽,如狮子、老虎,往往是假装"不勇敢",以接近猎物。看中外的军事书,发现里面也没有假装勇敢的,即便是虎狼之师,往往也是假装"不勇敢",以麻痹敌人。甚至再推而广之,好像动物界与人类社会里,非但"假装"勇敢的少见,甚至真的"勇敢"都不多见。或者说,强人基本上都不勇敢,甚至在危险面前比绝大多数普通人"窜"得都要快,他们往往靠心性、智慧(战术)、武器,以及力量对比带来的绝对优势取胜。

因此上面一段文字的误区可能就在于以为人与社会的范畴里很多事情的应对要靠所谓的"勇敢",尤其是所谓"勇敢地面对",其实这里的"勇敢"只是相对于作者这样的思维与心理状态而言的,对正常状态下的人来说这些只是人的正常状态,是贴不上"勇敢"的标签的。其原因是人是高级动物,思维与行为易被不当教育与观念灌输影响而失去本性,不能适应这个从来就是这样,因而是正常的但却在"不当教育与观念灌输"中被扭曲、忽视、异化的社会。因此解决之道不是勇敢,更不是假装勇敢(这是对人与社会的本质性判断错误,按这个路径发展,会"贻误"更甚),而是要先认识到"不当教育与观念灌输"之如何"不当",再认识到正常人、正常社会,以及正常人与社会关系之如何"正常",再恢复人的"本性",才可能达到原先想通过"勇敢"来达到的效果。

## 九、"娇惯"体现的是父母人性的自私而非爱

"娇惯"是什么?体现了怎样的人性?

从心理上分析,"娇惯"是父母付出成本最低而收益最大的一种行为,或者说父母在思想、心理、精神方面付出的最少,而得到的满足感最大。

为什么这样讲?

首先,"娇惯"子女的父母不考虑后果。

即父母在"娇惯"子女时,没有考虑"娇惯"这种行为产生的后果,即"娇惯"对子女的人格养成会产生什么样的影响,经过"娇惯"的子女在成人后会是一种什么状态,这种状态是否符合社会的需要,是否能够适应社会的竞争,是否有助于子女的人生发展。

做事不考虑后果的人是"快乐"的。

其次,"娇惯"子女的父母不约束自己的思想与行为。

做事不考虑后果,自然不会以结果为导向来改造、约束、规范自己的思想与行为,即不是以社会普遍认知的"好"的标准来养育子女,而是以自己认知的"好"的标准来养育子女。或者说,不愿意改造自己的思想与行为,率性而为。

不约束自己思想与行为的人是"快乐"的。

没有了考虑后果与约束自己的思想与行为的过程,就使"娇惯"子女的父母不必经历由此产生的心理、思想、精神上的种种"痛

苦",而使由此产生的心理、思想、精神上的快乐更大。"娇惯"子女的父母享受的就是这种快乐,只是这种快乐通常只存在于父母能够掌控子女的时间段内。一旦子女进入社会,这种快乐必将终结,甚至进而转变为一种痛苦。

经过上述两点分析,可以作更进一步思考,"娇惯"子女的父母"娇惯"子女,是为了子女,还是为了父母自己?

所有的父母都不会承认是为了自己,从主观上也可以这样认为,但从客观上,尤其是从子女进入社会后的结果看,"娇惯"不是"为了子女"。因此如果排除主观因素,仅从客观结果反推,"娇惯"子女的父母"娇惯"子女更多是为了自己在情感、精神与心理上的满足和享受,而非出于对子女的考虑。

或者说,"娇惯"体现的是父母人性的自私而非爱。

常说爱是一种付出,但是付出错了吗?效果不好了吗?光看动机与出发点就行了吗?显然不行!

爱的核心是责任。父母对子女之爱的核心是对子女的责任。子女必然要成为社会人,在社会中生存与发展,因此,父母对子女之爱要体现在社会责任上,即父母培养的不仅是自己的子女,更是在培养符合社会需要、适应社会规则、能够在社会中生存与发展的社会人。如果不顾及这一点,培养出的子女不能适应社会,甚至被社会淘汰,那这就不是爱,而是罪。

可怜天下父母心,但是只有结果好了,才能不再可怜,而是可喜、可乐了。

## 十、精神追求与利益追求其实是一回事

精神追求与利益追求在实质上是一回事。为人民服务的实质

或最优途径就是提供人民需要的商品与服务,而你既然提供了人民需要的商品与服务,在市场经济条件下自然会有很好的利益回报。追求利益也是这样,获得最大利益的最优途径就是为人民提供其所需要的商品与服务,而为人民提供了其所需要的商品与服务,也就在客观上实现了为人民服务。

之所以要采用这种教育方式,就是因为传统的教育模式忽视或违背了精神追求的利益逻辑,或者利益追求的精神逻辑,变成片面强调精神追求的说教与灌输。因此我们的方式是对传统模式的一种纠正与实质的回归。

## 第4节　自我反思与折腾自己

自我反思的对象是"我"做的事,即自己具体做过的事、说过的话、应对过的人及这些事件产生的结果或效果。在自我反思的过程中通常会以"先进标杆"为参照,反思的结果是方法、经验与能力。

折腾自己的对象是"我"这个人。其机理是当人无法从外部获得快乐时(主要原因是做的事,尤其是有好结果、好效果的事数量较少,无法产生足够的快乐;或者由于受到不当限制导致做事的渠道不畅,无法做更多的事,比如家长对子女的过多限制;或者由于心理、性格异常,尤其是好奇心不足,不愿做事及与外部交流,再如家长对子女的兴趣与爱好的剥夺与强加),转而向内寻找快乐(内向)。在内向的过程中,"我"会被逐渐区分为"有感觉的我(内在的我)"与"无感觉的我(外在的我)",进而根据"内在的我"的主观需求对"外在的我"的各种特征(心理、性格、长相、穷富,甚至感情经历、生活习惯与所处地域)进行"加工、处理、改造","加工、处理、改造"的目的是让"内在的我"与"外在的我"产生巨大差异(差距)。因此在这一过程中基本不参照外部标准,即便借鉴外部信息,也只是为了对"外在的我"进行身份定位(比如,我就是穷,我就是丑,我就是没本事等)。唯一的标准其实是"内在的我的主观需求",即"内在的我"想让"外在的我"变成什么样,就让"外在的我"变成什么样。这样"内在的我"就可以在"幻念"中完全"掌控""外在的我",而使"有感觉的内在的我"产生强大的心理优势、掌控感(权力感)与存在感,进而通过"内在的我"对"外在的我"的不断"折腾",使这两种"我"之间的巨大差异(差距)产生的心理势能形成心理快感。折腾自己的结果是获得心理兴奋与心理快感。

自我反思与折腾自己除了对象、机理、标准与结果不同,还有两个重要区别。

一是对人的存在的影响不同。自我反思产生的方法、经验与能力可以实时地投入到现实生活中,从而获得优于之前的物质与精神收益而产生现实的快乐。而折腾自己产生的心理兴奋与心理快感,只能在"自我"的系统(可以把"内在的我"当作"自",而"外在的我"为"我",构成"自我系统")里存在,只能"自我"支撑,而与外部现实接触则会有"破灭"的可能,因此惯于折腾自己的人会尽量避免与外部的现实接触,甚至抵触外部现实,而维持"自我系统"的存活。长此以往,会对"人"的生存质量产生负面的影响。

二是运作模式不同。自我反思需要与外部互动,需要他人与外部环境的配合才会完成或实现,因此需要一定的成本、技术、支持和机会,难度大、周期长,且收益是预期收益。而折腾自己不需要与外部互动,也不需要他人与外部环境的配合,因此不需要成本、技术、支持和机会,难度小、周期短,而且收益是即期收益,随时随地都可获得。因此惯于折腾自己的人很难摆脱这种简单但效果明显的心理兴奋获得模式。这也是所谓"内向"的人很难"外向"的内在机制。因为"外向"的"好处"当下看不到,但是当下要摆脱"内向"的"好处",因此如果没有较强的外部支撑与思想引导来指明

"未来"的"外向的好处",以及"辅助"度过这段"好处真空期",是很难摆脱"内向"状态的。

折腾自己的一种典型表现,比如,经常可以看到在一个人身上呈现出"自卑"与"自负"这两种表现形式相反的心理特征。虽然这两种表现形式在一个人身上出现,但表现的场合是不同的。简单地说,"自负"出现在"人前",即面对众人时;而"自卑"出现在人后,即独处时。

"自卑"的心理机制是在"自我"状态下,"内在的我"通过自设标准,以极度"贬低""外在的我",这样"内在的我"就可以在"外在的我"面前获得极大的心理强势、掌控感与存在感,进而产生强大的心理兴奋来支撑"我"的存在。而"自负"的心理机制是在被动地处于"非自我"状态下时,为对冲因自认为的某一弱点暴露于众而产生恐慌感、无助感、挫败感,甚至是羞耻感,而通过"内在的我"同样自设标准(通常是道德、人生目标、他人弱点或虚幻的"运气"),以极度"抬高""外在的我",这样"内在的我"可以通过"自认为"的"外在的我"比面对的所有人都"优"而获得极大的心理强势、掌控感与存在感,进而产生强大的心理兴奋来支撑"人"的存在。

当然,虽然从"内向"到"外向"难度很大,但也有路径。从已有经验来看,简单地说,要三步走:

1. 定向心理刺激。不同的特质要用不同的心理刺激手段,以提高专注度、敏感度与兴奋度,打造一个易于接受外部信息的心理平台。因为仅靠"自我"是无法改变"自我"的(如果能改变就不是现在需要改变的状态了),必须依靠外部信息的介入,所以首先要建立一个易于接受外部信息的心理平台("内向"系统的一个特征就是不易接受外部信息)。

2. 转变思维方式。主要有三种方式:首先是看,通过看书(还有报刊、电影等)、看事、识人拓展认知领域(思考领域),了解社会与他人,这样对比自己的个人经历就不会像以前那样敏感与纠结。其次是讲,讲解新的理念、知识、观点,说事理、纠偏差、拓思维。最后是练,就是练本事,人、事、世是核心,主要练识人、动手与处世的能力。这一步有三个用意,一是"把心放到外面",对冲"自我"的思维习惯;二是用大的社会空间来"稀释"小的自我空间,以消除以前对心理造成重大影响的事件或经历对现在的影响力;三是转变思维,即改变对自身"历史问题"的看法,因为"历史"是客观事实,但看待"历史"的角度变了,就不再是"问题",而是转化为经验了。

3. 获得新的动力。一是获得新的快乐,当然是指从外部获得的,通过与外部的人、事互动为自己获得净收益而产生的快乐;二是获得新的思维,即有利于正确理解人与社会、有利于支撑自己在社会中生存与发展、有利于解放人性与得到精神享乐的思维方式与思维工具;三是新的力量,主要是指精神上的力量,是指由于具备了新的快乐与新的思维,通过与"他人"相比而产生的心理优势、思维优势及对未来的信心而产生的力量。这些是重要的推动力,可以在"当前"起到弥补"内向的快感"缺失的重要作用,以推动自我向"外向"演变。

当然这是在"有老师"这个外部变量情况下的路径,"自学成才"难度更大些,但也基本是这个路子。

最后要注意几点:

1. 内向的形成,通常是由于父母性格与心理的某种缺陷,如焦虑、恐慌、偏执等,而对孩子的"天性"做出强力的限制,使孩子无法从外部获得足够快乐而转向"自我制造快乐"。例如,缺乏安全感的父母会对孩子的安全过于担心,而对孩子实施过分的保护与限制,会扼杀孩子好奇、冒险的天性,使相应的活动及活动空间受限,导致孩子难以从外部获得快乐而变得内向。

2. 内向的主要过程或活动,就是折腾自己。但折腾自己的人却并不都是内向的,有时内向只是偶发的,或是作为排解与调节情绪的工具。但"持之以恒"地折腾自己,必然导致内向。

3. 内向不利于人的存在,因为人是社会性动物,社会性的实质就是人与人之间有关系,有互动协作、有情感交流、有竞争排斥,人在社会中不管是精神上还是物质上都要依赖外部环境。因此越是外向,越利于人的生存。

4. 从以上可以看出,人的性格也是可以改变的,而且方向还可以控制。

## 第5节　为人处世的基本要素

### 一、规矩

主要是人礼待道的规矩,也就是自己的做派和与人打交道的规矩。

一是称呼。如遇到长辈要喊叔叔、阿姨,而且声音要大,要注视对方。

二是眼色。这一点非常重要。比如,大人来了马上要让座,别人需要帮忙马上要伸手。核心是要从对方的角度出发思考对方需要什么。

三是举止。包括坐、立、走、手、吃的动作,坐、立、走都要直,不能用手指指人,小孩子说话不能用手比画,吃饭时嘴里不能发出声音,等等。

四是表情。不要撇嘴、蹙眉,不要有不屑的表情,不要斜着眼睛看人,等等。

规矩的功用是通过一句语言、一个动作、一个表情、一个眼神就能够获得外部的认可与好感,同时基于此而避免很多风险。因此规矩是一定要强行树立的。其实也只是刚开始时需要强制,有了规矩得到外部认可后,就自然会有强烈支撑而变成主动执行了。

有一点一定要记住,规矩虽多,但全是"外在"的,即外部表达与方法方面的,而涉及思想观念与心理的,一个都没有。

## 二、心计

心计是将来在社会上发展与拼争的必需,也是获得收益多寡的重要决定因素。这也是一种动物性的本能,因此要从小培养,过了这个阶段再培养就很难了。现在很多学生不机灵、没办法、缺主意,主要是小时候被家长过多的"高级化"教育剥夺了这种本能。

在家庭教育中让孩子有心计靠的不是教,而是创造一个让小孩子想要"多得"的环境。比如,什么东西都是大家一起分享,但绝不是平均分配,因为一平均分配就没有"多得"的空间了,更不能把好东西都给小孩子,那就"扼杀"了小孩子用心计的欲望了。

## 三、事理

事理就是做事的道理与方法。明白了事理才会做事,才能把事做好。

一是人情。比如考上大学,会有很多亲戚朋友送礼物祝贺,这显然不是针对学生本人,而是其父母之前就做出了、经营了、铺垫了人情,才有这样的效果。

二是世故。即约定俗成的或在某个环境氛围里自然形成的做事的规范与路数。

逾越了这个规范与路数,就会招致大家的反感与抵触。比如常说的"见物增价、见人减寿",即看到别人买的东西大致值100元,就要说:"这东西是120元买的吧?"别人听了会高兴。见了老人,知道是70岁,就要说:"看您这气色也就60岁出头。"别人听了也会高兴。

三是理性。理性主要有两种,第一是对人,即把"人欠欠人"的事、"人情冷暖"背后的经济关系,以及"没有无缘无故的好,也没有无缘无故的坏"的意识想清楚。第二是对事,不能因为感情因素而影响对事情的判断与行动。事情本身不会受主观感受与情感因素的影响。事情出了躲是躲不过的,该怎么办就得怎么办,主动做事比被动做事效果要好得多。有句老话说得很好:"没事不惹事,有事不怕事。"

## 四、动手

光说不做是练不出来本事的,但动手也有门道,不是单纯的动手。

一是做有改变的事。比如手工,把各种原材料做成一个新的、有创意的东西。而且这种动手积少成多后会产生很多新的思路、认知与想法。

二是做与人相关的事。尤其是迎来送往、交接收受之类的事,与人打交道会增加对外部环境的感性认识,进而促进理性的认知。这种动手不仅可以锻炼做事能力,还能强化想办法、拿主意的意识。

## 五、文化

主要通过"看与想"获得。看书,看世事,思考其中的道理,就会产生文化。文化不光有陶冶情操之类的用处,也是人类智慧的总结与表达,多接触,多琢磨,潜意识里也就有了某些方法论。

## 六、承受力

最基本的承受力是不要怕被取笑。一是能正视自己的"不如意处";二是去找"不如意处"之外的本事;第三点最重要,就是对外部的言语刺激不敏感,心理承受能力强,以后在社会中不会过于受他人的风言风语或冷言冷语影响,更不会因为几句风言风语或冷言冷语就失措失常,而是能把更多的注意力、精力和时间投入到处理真金白银、真刀真枪和真情实意的事情上去。

# 第6节　当前男子气质缺失的原因分析

中国的文化传统里涉及对性别角色认知与塑造的部分,主要是对士人阶层和女性有相应规范,对普通男性则涉及较少。甚至在某种程度上有限制男性具备男子气质的倾向,这可能与封建社会的社会治理结构与统治需要有关。例如,中国从未产生过类似于"牛仔"这样崇尚"冒险、开拓、争斗、爱护女性"的文化,处于社会主流的,是由大众创造、传承与享有的适于男性角色认知与塑造的文化。

## 一、中国普通男性的性别角色认知与塑造的途径

中国普通男性的性别角色认知与塑造,其来源主要有三个方面。

### (一)"劳动性"途径

比如,在小说《平凡的世界》中,对普通男性劳动者的品质描述首先来源于生存压力之下作为主要劳动力的男子必须具备某些"硬挺"的品质,否则就无法生存。其次是在繁重、艰苦的体力劳动中形成的与自然抗争的品质。

(二)"战争性"途径

战争是对男子性别角色内涵的极端化发展与阐释。中国历史上朝代更迭时都有大规模战争发生,参与其中的普通男性会在战争中具备男子性别角色的极端化特征,通过辐射效应成为整个社会男性的样本。比如,从新中国成立到改革开放前的近30年,就发生过朝鲜战争、对印自卫反击战争、对越自卫反击战争等。军人形象对中国男子性别角色的认知与塑造起到了支撑、导引、培育的重要作用。

(三)"口头性"途径

古时大多数人没有受过教育,不识字,因此普通男性无法从文字中认知男性的性别角色,只能从口头性的叙事与故事中得到对男性性别角色内涵的认知。由于口头传播对普通男性来说,必须有较强的吸引性、趣味性、认同性与夸张性,因此能够流传的大多是体力与武力特征鲜明的人物与故事。比如,《三国演义》中的张飞,《水浒传》中的武松、鲁智深等,都因为具有男性性别角色的极端化特征而成为普通男性样本。而如诸葛亮以智、文为长,则未能成为普通男性的样本。

## 二、当前男性性别角色弱化的原因分析

(一)原先塑造途径失败

改革开放以后,中国社会的文化形态与财富状态都发生了巨大改变,上述三种途径都产生了断裂。

1. 随着经济与科技的发展,体力劳动在获得物质财富的要素里逐渐后移,而生存压力也大大减少,因此这个途径基本失效。

2. 战争的辐射作用日渐减弱,军人崇拜、武力崇拜基本不存在了,致使社会性地缺乏典型的男子气质样本,这一途径也不再产生明显作用。

3. 教育普及、传媒发达,人们更多地从文化性媒介中获得信息与认知,因此口头性的较为单一却鲜明的男性角色意味被大量文字、视频、音频性的文化素材稀释甚至淹没,这一文化示范作用也不再显著。

这三种途径失效后,由于我们的传统文化对男子气质的认知与塑造缺乏支撑,造成家庭与学校也处于在新形势下不知如何塑造男子气质的困境。这样男性性别角色就处于"随机选择"或"自由发挥"的状态,就出现了普遍的男子气质缺失现象。

(二)社会环境变迁

与此同时,由于中国传统文化中既缺乏应对、导引当前社会发展与现状的内容,又缺乏适应与支撑在当前社会中生存与发展的人的思想需求的内容,因而形成了巨大的文化与思想的真空,而吸收了大量的国外的文化理念与产品。20世纪80年代,经济飞速发展,国民收入快速提高,而生存成本变化不大(主要指住房、医疗、教育),社会心态普遍积极、开放,加之以前男性性别角色规范的惯性延续,因此引进的西方文化理念与产品,如电视剧《加里森敢死队》与电影《第一滴血》中的硬汉形象,都产生了广泛的社会影响。进入90年代中后期,虽然收入继续提高,但就业、住房、医疗与教育这四项基本市场化,生存成本与生存压力以远高于收入增长的幅度急剧增大,使整个社会心态与公众心态趋于保守、封闭,而转为引入远较西方文化消极与弱势的日韩文化理念与产品,加之以前男性性别角色规范惯性的不再,而出现了社会性的男性性别角色弱化的现象。

（三）生存状态改变

生存状态改变主要体现在两个方面。

1. 独生子女政策。一个孩子的生存环境及方式与多子女家庭迥然不同,这造成了两个缺乏：

一是缺乏对性别差异的社会属性的认知。姐弟、兄妹之间是在少年成长期最近距离的异性接触,可以从小就了解男女在思维、心理与情感上的性别差异,此外兄姐的社交活动与人际圈子也会给弟妹带来大量生动鲜活的观察与模仿样本,这些都会影响一个人对性别角色的认知与塑造；而独生子女则不具备这些条件。

二是缺乏对父母关爱和家庭物质的"争夺"与相互间的"争斗"。有一次在医院遇到一位外国母亲带着两个小男孩,哥哥七八岁,弟弟五六岁。弟弟好动,不停地追着哥哥拳打脚踢;而哥哥好静,数次喝止但没效果,于是瞅准时机向弟弟后腰狠捣一拳,打得弟弟当时就动不了了,过了一会儿才缓过来,弯曲着身子哭着去告状。妈妈正忙着交费,根本不理,还训斥了弟弟几句。弟弟无奈,用手擦擦眼泪,又去找哥哥打架去了。这样的多子女家庭环境对男孩子具备"拼争"的精神与技能非常有利。此外,对父母关爱和家庭物质的"争夺",可以极大地训练与培养孩子的心计、心性和行动能力。而独生子女家庭由于没有这样的条件,就大大影响了对男孩男子气质的培养。

2. 居住条件的改善。原来的居住环境主要是大杂院与家属院,可以创造大量的与小朋友一起游戏的机会。孩子不仅可以接触大量的异性与同性,体验大量的人际关系的交往、快乐、矛盾、解决,而且通过"过家家"这样的角色扮演游戏,从小就获得对性别角色的认知与塑造。而当前的居住条件都是单元房,小孩子很少获得外出与小朋友一起玩耍的机会。

第3章 悟识人

## （四）家庭情感状态改变

家庭情感状态改变体现在三个方面。

1. 父母间感情变化，给子女带来情感缺失与压力，而形成情感伤害，使其心理、思维、情感处于受压制状态，而很难发展外向型的性格与生成男子气质。

2. 父母的补偿心理。中国当前绝大多数父母的小时候都是处于物质贫乏状态的，因此在经济条件改善后，不愿再让子女受苦，而给子女创造更好的物质条件，但同时也剥夺了很多孩子心智成长与发育的必需品质，比如欲望、独立性、耐挫力等，影响了男子气质的培养。

3. 父母当前处于较大的社会压力之下，需要一个宣泄的出口，可是无法向单位的领导、同事，更无法向社会宣泄，因此只能被迫转向孩子。比如，对孩子溺爱的同时又要求严厉，并伴以大量的"自我感动"，如强调父母的不易，导致孩子从小就承担了大量的情感压力，而压抑了孩子心性的正常发育，不再"叛逆"，从而造成了男子气质的弱化。

## （五）男子气质弱化的"好处"诱导

当前男性性别角色弱化还有一个重要的原因是男子气质弱化可以产生很多所谓"好处"。

1. 不承担责任。男子气质的一个核心品质就是责任。但由于上述原因当前男生的心性普遍较弱，就使其本应该承担的责任转而成为一个重大的心理与精神负担。而通过弱化男子气质，变得"娘"，则可以逃避责任而获得心理上的舒适感。

2. 更易获得性兴奋。由于上述原因，当前男生的交往能力弱化，与异性交往空间受限，缺乏对与异性交往的快乐感受，因此较难通过正常的需要、时机、场地、内容及能力与异性交往来获得性兴奋。于是,只能"退而求其次",把极易获得的同性交往异性化,再用当前流行的"腐"文化进行加工改造,而产生性兴奋。

3. 男子气质弱化,表现得"娘",包括穿着打扮、举止神情与语气腔调。在当前社会的普遍认知中,这还处于一种"另类"的状态,但是这种"另类"却可以产生由于心性与能力弱化而无法在正常状态下得到的外部关注。而外部关注是人生存的一种必要需求,因此也促使了这种现象的发展。

# 第 4 章
# 习练说话

语言表达能力是为人处世的重要工具。其核心内容包括四项：一是发言，即作报告、会议发言、工作汇报等；二是辩论，即争论、辩论、辩解等；三是劝说，即主要通过语言使特定的对象，包括个体对象与群体对象做出并产生符合你预期的结果或效果；四是讲笑话，即用轻松、幽默的语言活跃气氛、调节情绪、缓和矛盾，尽快打开社交局面，展示自己亲和的形象，并给他人留下深刻印象等。

# 第1节　语言基本功训练

## 一、语言基本功训练

语言表达是一项重要技能,包含两个方面:一个是硬件,一个是软件。

硬件是指口齿、声音,包括吐字、发音,以及语速、节奏。软件是指所要表达的内容。硬件对语言表达起着重要的基础性作用。有好的内容却缺乏好的硬件,内容很难表现出来,即使表现出来了,也会无节奏、不清楚、不准确、不简洁,小毛病太多,同样会产生不好的效果。

语言硬件训练的主要方法是绕口令,下面列出两个最基本的绕口令供练习。

第一个绕口令:

> 八百标兵奔北坡,
> 炮兵并排北边跑。
> 炮兵怕把标兵碰,
> 标兵怕碰炮兵炮。

这个绕口令主要是练唇齿。

第二个绕口令：

> 出东门,过大桥,
> 大桥底下一树枣。
> 拿着杆子去打枣,
> 青的多来红的少。
> 一个枣,两个枣,三个枣,四个枣,五个枣,六个枣,七个枣,八个枣,九个枣,十个枣;
> 九个枣,八个枣,七个枣,六个枣,五个枣,四个枣,三个枣,两个枣,一个枣。这是一个绕口令,说得慢来才算好。

这个绕口令主要练气息,要求用一口气说完,中间不能换气。一开始肯定达不到一口气说完的要求,慢慢练,在训练中把握呼吸的调整与节奏,持之以恒就可以了。

此外要注意练绕口令不是单纯追求快,而是要在快的基础上流畅自然,有掌控语言的感觉,有节奏、有变化,说者与听者都要有一种良好的感受。

还有一种训练方法是读报纸,身体周正,坐在桌前,保持气息通畅,旁边放一杯清水,拿一张报纸,选择新闻类的内容,每次读十分钟,口干舌燥时喝口水润润嗓子,坚持一个月就会有很好的效果,也就是语言上有一点儿功夫了。

## 二、提高语言能力的训练方法

提高语言能力的训练方法总结起来有四个步骤:

1. 听自己的话。即在与他人进行语言交流的时候要注意听自己说的话，要有意识地"记录"自己说了什么，事后要能回想起来当时自己说了些什么，这样才有纠正与提高的基础。训练初期很难"一心二用"，但是只要坚持下去，就能熟练掌握。

2. 看对方的脸。语言表达与交流的目的是要达到某种效果，是否达到了这一效果，不能仅凭自己的判断，而要根据对方的"反应"来做判断。这种"反应"主要表现在脸上，无论是高兴、接受，还是不悦、反感，甚或是无所谓，都能从对方的表情变化得到暗示。因此在语言交流过程中要仔细观察对方的表情变化，进而调整自己表达的语气、语调与方式，并实时组织语言的内容。

3. 想三方的事。语言表达虽然"当时"局限在"在场"的人员之中，但是"事后"仍会有话流传出去，因此在表达时不能光考虑自己的意图、"当时"的情况以及"对方"的变化，还要考虑到言论流传出去会对其他人产生什么样的影响，这种影响是对你有利的还是不利的。

4. 找话中的茬。在一次相对重要的语言交流后，要"回想"你所说的话与对方的反应，以及事实上产生的"外部"影响，进行综合分析与判断，找出其中的问题并加以改进。

### 三、语言交流的原则

语言交流有两个原则。

1. 话不难听。说话的尺度与范围可以很大，但一定要避免通行的及交流对象特有的一些"忌讳点"。因为即便你是出于善意，也可能会因为说话不好听或犯了忌讳招致反感而达不到效果。

2. 要有效果。在管理活动中,语言交流不是闲聊,更不是抒发情感,而是为了某一特定目的而通过语言交流形式实施的管理性活动。因此一定要以效果为导向,设计、组织与实施语言交流的方式、地点与内容。

## 第2节 语言交流的方式

语言表达与交流方式,按形式概括,主要有发言、讲笑话、劝说与辩论四种。

### 一、发言

发言即作报告、会议发言、工作汇报等。

(一)预先准备

发言的特点是形式正规,影响较大。因此首先要进行充分的准备。在准备阶段有三个关键词。

1. 背景,即为什么而说。当前处于什么样的环境与背景之下,当前工作的重点与领导的主要思路是什么,核心是找准方向。

2. 受众,即对谁说。要搞清楚受众特点,受众的文化与教育背景是什么、年龄层次是什么、思维习惯与兴趣领域是什么,才能有针对性地选择说的内容与方式,才有可能取得好的效果。否则内容虽好,但受众接受度不高,效果还是不好。

3. 目标,即说了以后要达到什么样的效果。这种效果是"事后"产生的,因此"现场"效果好只是目标之一,甚至是次要目标,而

"事后"产生的效果才是核心的追求。思想上要明确,通过说要达到什么样的效果,并细化制定出明确的步骤,并据此设计方法形式与组织内容。

(二) 发言内容

发言的内容要突出八个关键词。

1. 主题。主题要鲜明,要突出中心工作。其他的辅助性内容要围绕主题,要对主题形成强有力的支撑,而不能因为某个表面上的好创意与噱头而冲淡了主题。

2. 立意。即通篇发言的"高度"。有了高度,才能激发思想、凝聚人心、产生共鸣。

3. 开头。开头一是要抓人,即一开始就要把受众的注意力吸引过来。二是铺垫,用很简短的语言把所要讲述的主题告诉受众,这样便于为受众提供一个理解的基础。

4. 结尾。结尾或是做最后的推动,或是起到一个"发令枪"的作用,或是"点化"出整篇发言的要义。既要有力又要意犹未尽。

5. 事例。要用鲜活的事例来说明问题、阐述道理、加深理解。

6. 数据。要用客观的数据来支撑自己的观点,增强说服力。

7. 名言。恰当地运用名言,可以增加文采,引起更大的共鸣,从而起到"言外有意"的作用。但不可为名言而名言,这就是画蛇添足了。

8. 高潮。一篇发言,一定要有高潮,才能充分激发受众的情绪与主观能动性。高潮之前要有内容铺垫与情绪引导,过于突兀则起不到效果。

(三) 表现形式

发言是在正式场合的语言表达,因此对形式的规范性要求较高。要突出三个关键词。

1. 语气。要随着内容的演进与受众情绪的发展而采用适当的语气。

2. 肢体动作。肢体动作包括手势、移动,可以增加语言的感染力。但台风要稳,肢体语言的运用不宜多,更不能乱,只宜在关键时用手势或走近观众的形式来表达强烈的意涵。

3. 表情。表情可以充分展现言说者的内心,加强语言沟通的效果,调动受众的情绪。同样,要根据内容的发展与受众情绪的变化实时适时地运用表情。

(四)发言的应变

发言通常在一个较长的时间周期内进行,在这一时间周期内可能遇到各种意外情况,因此在发言之前要设计与准备各种应变策略。比如开场时不安静,就有一个如何把大家的注意力吸引过来的问题。通常在上场的过程中就要扫视全场,或者站定后刻意沉默几秒钟。应变的核心是打破先前的节奏,让受众感受到节奏的变化而注意台上。

在发言过程中有可能出现意外的"笑场",这时不要做出"意外"的反应,否则笑声会更大,而是要顺着听众所笑的内容,用一两句幽默的语言或开个小玩笑,让听众再笑一次,从而把听众拉回到你的轨道上。

另外还会遇到一些设备故障,比如话筒不出声,这时眼睛要盯着听众不能移开,因为发言者的眼神一移,听众的注意力就容易发散,一边继续发言一边调整话筒,其实这时调整话筒的用意并不是真正的修理话筒,而是用这个动作来"消解"听众的"错愕"。无论能否调整好,都要接着说下去,也可以离开原来位置,走到讲台的最前沿贴近听众继续发言,也能保证效果。

还有一种值得注意的意外是高潮部分没有起到应有的效果,

这时可以重新组织语言(这需要提前设计好,否则语言的节奏与语气语调会乱),再掀起一次高潮,如果还是没有效果那就要放弃高潮部分而把发言完成,否则会招致听众反感。但是事后要对原因进行总结。

## 二、讲笑话

讲笑话是运用幽默的语言来活跃气氛、拉近感情、缓解紧张关系,有时也可以作为小节目表演。讲笑话有八个注意事项。

1. 神定色变。即脸上的表情可以随着语意变化,但神情不能变。通俗地讲就是讲笑话是让别人笑的,自己不能先笑了。

2. 语意双关。要让听众听出言外之意、言下之意后再笑,这样的"笑果"较好。直接"逗"则"笑果"较差。

3. 找准切口。不同的受众有不同的笑点,或对不同的内容与形式有不同的敏感度,因此要有针对性地给具体受众的具体笑点与敏感点"投放"笑料。

4. 误导思路。听众一下就猜出了最后的"包袱",对讲笑话而言是最失败的,因此一开始就要误导听众的思路,最后的包袱才会有料。

5. 拢人心神。讲笑话时要时刻注视着听众,在内容上要有"扣",把听众注意力吸引到你的笑话上,因为一旦听众分神就很难产生大的"笑果"了。

6. 节奏紧凑。讲笑话要步步紧扣,但凡有一点儿懈怠、散乱、拖沓,就失去笑话的特殊氛围了。

7. 情理之中。笑话不能太离奇,要符合听众的生活常识,这样才能充分利用听众的生活经验产生"笑果"。笑话的内容不合情理、不可信或过于"小儿科",会招致听众的抵触甚至反感。

8. 意料之外。最后的"包袱"一定要是听众想象不到、预料之外的,才会有好的效果。如果都能猜出结果,那么讲笑话的人就成笑话了。

另外讲笑话最好用中国语言的结构与表述习惯,有些国外的幽默也很好笑,但那是"看"起来好笑,而一说出来通常就不好笑了,因为不符合中国人的语言接受习惯,容易产生误解。这种中国式笑话的结构与形式在《笑林广记》里有很多实例可以借鉴。

## 三、劝说

劝说是指主要通过语言改变劝说对象的初始意愿而按劝说者的意图行事。劝说的主要原则有五点。

1. 以利导之。要明确告诉劝说对象这样做的好处是什么。好处重点是物质方面的,也可以是先进经验、优秀方法等方面的。

2. 以义激之。用道义来激励劝说对象,一方面这样做是符合道义的,另一方面不这样做会受到道义谴责。

3. 以情感之。人是感情动物,有时候利、义不起作用,通过情感方式却可以促使对方转变。

4. 以誉兴之。明确告诉对方这样做可以获得荣誉、赞赏或注目。

5. 以趣诱之。让劝说对象感到做这件事是很有意思、很有乐趣的。

通常对于对物质不敏感的劝说对象,劝说方法的顺序是义、情、誉、趣、利,适用于物质敏感的劝说对象的劝说方法的顺序是利、誉、义、情、趣。

劝说方法在电影《野鹅敢死队》(*The Wild Geese*)的"上校劝说军师"一场戏中有突出的表现,可以参照学习。

### 四、辩论

电影《东进序曲》中"舌战群顽"一场戏集中体现了辩论的方法与技巧。

《东进序曲》是八一电影制片厂1962年拍摄的电影。影片取材于真实事件,描写了1940年新四军挺进纵队为解江南指挥部之危,轻装驰援,对日寇进行反扫荡。国民党苏鲁皖游击总指挥部受蒋介石之命,先妄图配合日寇消灭新四军,后又欲以武力夺取新四军从日寇手中收复的据点桥头镇。挺进纵队政治部主任黄秉光按照中共的指示,不顾个人安危,前往游击总指挥部谈判。谈判未成,内战终于打响。新四军本着"人不犯我,我不犯人,人若犯我,我必犯人"的原则,重创国民党军。然后,又以"大敌当前,抗日为重"的精神,主动提出停战,致使顽固派的反共阴谋破产,扭转了苏北斗争形势,新四军继续东进抗日。

影片中挺进纵队政治部主任黄秉光前往国民党苏鲁皖游击总指挥部谈判,他虽处在顽、伪代表的包围之中,但气度凛然,严词驳斥,与对方展开一场激烈的舌战。他向刘玉坤说明利害关系,晓以民族大义,并分别对顽、伪代表进行了有力的反击,演绎出了一场精彩的"舌战群顽"。这场戏集中体现了辩论的方法与技巧。为便于研究学习,精彩对白附后。

**黄秉光**:这是孟司令向贵部呼吁团结的电文,请副总指挥过目。

**刘玉坤**：贵军有何高见？

**黄秉光**：我们听说贵军要进攻桥头，很是关心，希望双方能够通过谈判来解决问题。只要彼此都从团结抗日出发，一切问题都是好解决的。

**刘玉坤**：呵呵呵，我对贵军素来都是敬重的，不过桥头在我的管辖之内，你们不能够自作主张。呵呵呵。

**黄秉光**：可是蒋委员长在"庐山讲话"中谈到，如果战端一开，那就地无分南北，人无分老幼，皆有守土抗战之责，可见不问什么地方，哪里有鬼子我们就可以打。这些话我想刘副总指挥一定会记得。

**刘玉坤**：呵呵呵，那好呀，现在鬼子打完了，贵军可以撤出桥头镇了。

**黄秉光**：我军不久就将深入敌后东进抗日，目前在桥头只是暂作休整。

**段泽民**：不行啊，你们共产党一向口是心非、背信弃义呀。

**黄秉光**：段处长有何事实根据呀？

**段泽民**：据下面报告，你们断我交通、截我物资、占我防地、宣传赤化、反对政府、制造摩擦呀。

**黄秉光**：可惜事实完全相反。

**段泽民**：不。

**黄秉光**：把第三战区发给贵军的武器弹药沿途护送到贵军阵地的，是我们；把缴获日寇的枪支马匹送给贵军的，也是我们。这一点刘副总指挥完全可以作证。

**石中柱**：目前你们侵占桥头这又作何解释？

**黄秉光**：日寇奸淫烧杀无恶不作，我军为拯救人民于水深火热之中,毅然攻打桥头,这怎么能叫侵占呢?可是当我军在追击日寇的时候,贵军贺司令从中阻拦,放走了日寇,反而掉转枪口来打我们。请问石司令,这又作何解释呢?

**石中柱**:苏北摩擦不断发生,难道你们就没有责任?

**黄秉光**:新四军在苏北坚持团结抗战进步的方针,始终不渝,人所共知。这没有什么可责难的。可是贵军最近在桥头阻拦我军追击日寇,又派部队去接管桥头,打伤了我们王营长,刚才在周司令家里,又要缴我的枪。我们却以团结抗战为重,一再忍让,这些事实难道能够说是我们在制造摩擦?恰恰相反,制造摩擦的是那些挑唆贵军进行反共打内战的人。

**蒋公任**:黄主任,兄弟有不同的看法。兄弟之见,共产党的责任,大而之于全国,小而之于苏北,这是推卸不了的。

**黄秉光**:哼,不见得。以全国讲,我们共产党抛开了十几年内战的宿怨,正确解决了西安事变,提出国共合作,发起了抗日民主统一战线。我们八路军、新四军在敌后抗击了侵华日寇四分之一以上的兵力。

**蒋公任**:对,这正是蒋委员长领导抗战有方。

**黄秉光**:既然如此,为什么国民党顽固派拥兵几百万,却把大半个中国丢给日寇不去收复,反而集中兵力包围陕甘宁边区,封锁抗日民主根据地,进攻八路军、新四军,到处残杀爱国志士和共产党员呢?这些事实全国人民是有耳皆闻、有目共睹的。

**蒋公任**:无稽之谈。这是你们的宣传。

**黄秉光**:历史是任何人篡改不了的。再以苏北来讲,倒是韩德勤放着鬼子不打,反把共产党当作异己来限制,又把非嫡系的友军当作异己来排斥,这一点刘副总指挥身临其境,恐怕是不无感触吧?

**刘玉坤**:这都是旧事了,不提了。

**蒋公任**:不,要提。黄主任对韩主席如此中伤,想必一定是有所用心的。

**黄秉光**:共产党光明磊落,言之有据,现在国难当头,大敌当前,应该团结抗战,一致对外。今天再一次提出这些不愉快的事情,那也无非是希望韩德勤能够放弃损人利己的政策而已。

**九姨太**:呵呵呵,真是有趣得很。关于共产党是否为异党的问题,黄主任为何闭口不谈呢?

**黄秉光**:当然要谈。共产党为国为民,光明磊落,问心无愧,绝非异党。

**九姨太**:那究竟谁是异党呢?啊?

**黄秉光**:只有那倒蒋反共的亲日汉奸汪精卫,才是真正应该受到限制的异党。

**蒋公任**:假若你们不是异党,就应该取消陕甘宁边区、取消八路军和新四军的根据地,全国统一于一个国民政府之下。

**黄秉光**:哦?哈哈哈,真是笑话。边区和根据地,乃是全国最进步的地方,那里既没有贪官污吏、土豪劣绅,也没有结党营私之徒、萎靡不振之气,更没有靠吃摩擦饭和发国难财的。这样模范的地方为什么要取消呢?

**蒋公任**:你们提共产主义就是违法。

**黄秉光**:既是提共产主义,有何违法之处呢?

**蒋公任**:你们共产党既然承认三民主义,可是又不肯放弃共产主义,这岂不是挂羊头卖狗肉,摧残三民主义?

**黄秉光**:然而中山先生不这样认为,他说共产主义是三民主义的好朋友。我们欢迎的是中山先生所主张的联俄、联共、扶助农工、唤起民众的真三民主义,而绝不是反苏、反共、压迫农工、摧残民众的假三民主义。可见挂羊头卖狗肉、摧残三民主义的并不是我们共产党,而是那些顽固派。我相信蒋先生自然不会和那些顽固派同样见解哟。

**蒋公任:** 这……当然……当然。

**汪光夏:** 这一点我倒有个不同的看法。

**黄秉光:** 这是什么人?

**九姨太:** 这是我旧时同学,多年不见,特地来叙旧的。

**周明哲:** 副总指挥,黄主任是来和我们商谈苏北抗日大事的,陌生人随便插话不太合适吧?

**汪光夏:** 我是一个普通的中国人,也不懂得什么政治。哈哈哈,不过黄主任,我听人家都这样说呀,说你们共产党勾结苏俄,企图变中国为苏俄的殖民地呀,啊?

**黄秉光:** 在国民党苏鲁皖游击总指挥部,居然还能听到汉奸汪精卫说烂了的一套谣言,真是奇怪。

**汪光夏:** 我请你不要捕风捉影。中国毕竟只有一个汪精卫,而……

**黄秉光:** 公开的只有一个,暗藏的到处都有。

**汪光夏:** 副总指挥,我抗议。

**黄秉光:** 你没资格,你只有听候人民的判决。

**汪光夏:** 这……这……这简直岂有此理吗……啊,这简直,岂有此理!

**黄秉光:** 副总指挥,我希望我们的谈判……

**刘玉坤:** 够了,你说什么时候撤出桥头镇。

**黄秉光:** 这一点我们可以协商。

**刘玉坤：** 没什么好协商的，我要你马上写信给孟器宇，限他三天交出桥头镇。

**黄秉光：** 副总指挥，我是来谈判的。

**刘玉坤：** 哼，讲道理我大老粗讲不过你。当兵打仗的本事在这儿。你们有什么了不起呀，就是天兵天将也不过只有千把人，我苏鲁皖四万多人就是豆腐渣，也要撑破你们肚皮。

**贺老五：** 姓黄的，把枪交出来。

**黄秉光：** 你算哪路的英雄好汉？有本事跟日本鬼子逞强去，那才叫威风呢。副总指挥，这场挑起内战的责任难道真要落到你的身上？

**贺老五：** 挑起内战就挑起内战，还怕你不成？

**刘玉坤：** 你懂个屁，还不给我滚出去。

**贺老五：** 还待着干什么，滚，他妈的。

**九姨太：** 呵呵呵，黄主任，贺司令今儿个多喝了几杯，您可千万别见怪呀。

**黄秉光：** 我今天之所以到江州来，绝不是守不住桥头，而是向你们表达内求团结、外求抗战的诚意。假如刘副总指挥一定要诉诸武力，我也不妨打开天窗说亮话，即使你们打赢，也未必就能够逃脱蒋介石与韩德勤对你们的吞并与排斥。打输了，后果就更难设想。倒不如团结一致共同抗战，为国家民族多做一些有益的事情。刘副总指挥是个聪明人，内中的利害得失还望仔细地考虑。

**周明哲：** 黄主任的话值得我们深思呀。

**九姨太：** 周司令说得对，黄主任远道而来，该休息了。关于桥头的事改天再和黄主任从长计议吧。

**刘玉坤：** 那好吧。

九姨太：李副官！

刘玉坤：替我送黄主任去休息。

黄秉光：我等候刘副总指挥的决策。

辩论技巧总结——

首先把辩论对手分为"高、中、低、旁、坏"五类。高是指对方居于高层的刘玉坤，中是指居于中层的段泽民、石中柱、九姨太等人，低是指贺老五，旁是指居于双方阵营之外的蒋公任，坏是指双方阵营都有人反对的汪光夏。

辩论之前，先把对手进行分类，不同的对象采用不同的策略。

对"高"的辩论技巧包括：压——黄秉光说"委员长在'庐山讲话'中谈到"，用大人物、大道理来压制刘玉坤，先灭掉他的气焰。陈——黄秉光用"我军不久将深入敌后东进抗日，目前在桥头只是暂作休整"来介绍事实、说明情况，建立辩论的事实依据。陷——黄秉光用一句"副总指挥，这场挑起内战的责任难道真要落到你的身上"构陷不义之境，使刘玉坤明白不就范则将陷于险境，使其胆怯。析——黄秉光用一句"我也不妨打开天窗说亮话"给刘玉坤分析形势、解析利害，使其自织罗网，不敢妄为。捧——黄秉光用一句"刘副总指挥是个聪明人"名捧实警，既是缓和局面，又是点化对手。

对"中"的辩论技巧包括：诱——黄秉光用"段处长有何事实根据呀"一句话诱使段泽民说出自己的谬论，好加以批驳。驳——段泽民说出自己的谬论后，黄秉光马上用"可惜事实完全相反"进行批驳。反——黄秉光在驳完段泽民的话后，说了一句"这一点刘副总指挥完全可以作证"，利用其内部高层来反证自己的话言之凿凿。诘——黄秉光在慨然陈述我军抗日事迹后，用了一句"请问石司令,这又作何解释呢"进行诘问,进一步加强攻击力,使对方自乱阵脚,哑口无言。类似还有"恰恰相反,制造摩擦的是那些挑唆贵军进行反共打内战的人"。堵——黄秉光用一句"这没有什么可责难的"承上启下,上讲新四军抗战的进步方针,下讲对方制造摩擦的事实,封堵得对方无从辩驳。

对"低"的辩论技巧包括:讽——对对方下层人士无须花费过多的精力,黄秉光用一句"有本事跟日本鬼子逞强去,那才叫威风呢"讽刺贺老五,让其狗急跳墙,失魂丧魄,不再作祟。

对"旁"的辩论技巧包括:逼——黄秉光用一句"我相信蒋先生自然不会和那些顽固派同样见解哟"逼迫蒋公任同意自己的观点,使其自泄底气。责——黄秉光用"既然如此,为什么……"引出连连责问,使道理不辩自明。批——黄秉光用"哼!不见得"引出正论,既有语气之不屑,又有语言之揭批,斥其所谓"不同的看法"完全站不住脚。间——黄秉光用一句"韩德勤……把非嫡系的友军当作异己来排斥,这一点刘副总指挥身临其境,恐怕是不无感触吧"点出刘玉坤切身之痛,利用其内部矛盾进行离间分化。鄙——黄秉光的一句"哦?哈哈哈,真是笑话"一反问一嘲笑,耻其不明、笑其不智,进而列举边区和根据地之进步与模范,更连发"这样模范的地方为什么要取消呢""既是提共产主义,有何违法之处呢"二问,扫其威风,灭其气焰,使其铩羽而退。

对"坏"的辩论技巧包括:讥——黄秉光用"在国民党苏鲁皖游击总指挥部,居然还能听到汉奸汪精卫说烂了的一套谣言,真是奇怪"讥笑汪光夏,使其自取其辱,尊严扫地。骂——黄秉光用一句"你没资格,你只有听候人民的判决"直唾其面,使其彻底崩溃。

这一番辩论基本涵盖了辩论的技巧。建议熟记这些关键词,辩论时才能应用自如。

其次，辩论不仅是语言的运用，气势、神情也发挥着重要的作用。

黄秉光之所以能够说服那么多人，很大一部分原因就在于他的爱国情怀，他能够将他的那种爱国情怀深入到骨子里，然后用这股力量去感化别人，在副官李广文来霸占桥头的时候，黄秉光就是用爱国情怀感染了他，同时，也激发了他的爱国情怀，让他能够分清形势，做真正对祖国有益的事情。而我们以后无论是在什么环境下生活，从事什么样的工作，这样的一份爱国情怀，一份公心，是一定要有的。如此，方能由此及彼地去感化别人，让人做到心服口服。

黄秉光无论面对强势的、无赖的，或是奸诈的人，都能表现得从容自如，不慌不忙，遇大事有静气，尤其是在碰到蛮不讲理、粗暴的贺老五时，他没有跟他一般见识，而是以讲理的方式来平息了这场闹剧；在面对刘副总指挥及其他官员时，黄秉光也依然不卑不亢，神情淡然，还用了好几种辩论技巧将他们一一击败。所以，这种镇定从容本身就能营造一种气场，在谈判的时候能起到相当大的作用。

## 第 3 节　语言运用的技巧

### 一、打油诗中的语言技巧与智慧

（一）妻子的劝夫诗

袁枚在《随园诗话》中记载了一个故事。有一个叫郭晖的人，久离家乡在外谋生。有一次寄信回家，忙乱之中寄去了一张白纸。妻子收到这封特殊的"信"后大吃一惊，仔细思量之后回诗一首。丈夫收到妻子的诗后既感又惭，立即奔回家乡。

这首诗是这样写的：

> 碧纱窗下启缄封，
> 尺纸从头彻尾空。
> 应是仙郎怀别恨，
> 忆人全在不言中。

全诗没有责问、不解与失落，而是从一个"想象"出的"好的样本"出发，运用道义、理解与爱意，取得了极佳的效果。

（二）杨遇春的打油诗

杨遇春为清嘉庆时名将，以武职凭战功而授陕甘总督，为大清第二例、汉人首例。众文官不服,一日邀杨同游京北卧佛寺,并请杨为卧佛题诗一首,意欲捉弄其文采。杨遇春深知其意,所以并不推辞,随口而出:

　　你倒睡得好,

　　众文官顿时捧腹大笑,可等杨遇春说出后三句时,就再也笑不出来了,而是一脸羞惭了。后三句是:

　　一睡万事了。
　　我若陪你睡,
　　江山谁人保。

　　这首打油诗被称为天下第一打油诗,就是因为其立意极高,在闲游之际心中都不忘忠君报国。这一份心意,这一份境界,就远非一众庸官所能比了。后面还有故事,再往前游,众人看到树林里有鸟窝,又让他作诗,他又脱口而出:

　　一窝两窝三四窝,
　　五窝六窝七八窝。

　　众文官又是大笑,以为这次可以难为住杨遇春了,可是杨遇春的后二句就重重地讽刺了他们。后二句是:

　　食尽皇王千钟粟,
　　凤凰何少尔何多?

用语言打击对手,既话不伤人,又语携雷电,制人于无形。

后续还有故事,再往前走,众文官又要杨遇春作诗,杨遇春就有些不悦了,也实在是看不起这一众庸官,就不客气地回击了:

少事戎行未学诗,
诸公逼我欲何之。
朝廷俸禄公同享,
边塞风霜我独知。

这四句诗不仅狠狠地回击了这些官员,还充分体现了自己的功劳与不可替代性。其智慧之高,也难怪能够取得那样的成就。

## 二、夸人的原则

进入社会后,迫于生存与发展的压力,难免要去奉承领导、客户与同事,这就涉及"夸人"的问题,但是这种"夸人"需要一定的方法,很多年轻人并不掌握,反而起了反效果。

不识相的"夸人"特指工作中的夸、礼节性的夸、公务性的夸或出于特定目的的夸,是一件令人难受的事情。而真诚的"夸人"是油然而生的,不需要技巧。

"夸人"有六个原则:行动比语言好,间接比直接好,疑问比陈述好,明确比含糊好,公开比私下好,不夸比妄夸好。

下面以老师与学生为例,具体讲解一下夸人。

(一)行动比语言好

"老师,你在课堂上讲的一些观点我不太明白,就记在本子上回家和父母讨论,现在能够理解了。"

"老师,你课堂上讲的内容太好了!"

第一句里没有一个夸人的词,但是不仅高度认可了人的存在,而且以实践行动体现出了人的存在具有极大的价值,因此能够形成强烈的心理冲击。而第二句充其量只是高度评价了人的存在,心理冲击力度有限,夸人的效果也有限,甚至会让追求存在价值的人感到反感。

(二)间接比直接好

"啊!中秋节放假要取消一次课!太遗憾了!"

"老师,你讲得太精彩了!"

第一句也是没有一个夸人的词,但是一听就发自内心,真诚、没有掩饰、未经算计,是一种自然状态下的直接感受表达。而第二句就不具备第一句的这些真实品质了,在当前胡说好话、乱奉承人的风气下,效果着实有限,可信度也有限。

(三)疑问比陈述好

"老师,你这些观点都是怎么想出来的?!"

"老师,你这些观点真是太棒了!"

第一句的疑问在层次上、强度上、情感上都比第二句更进了一步,因此效果也提高了一层。

(四)明确比含糊好

"老师,你昨天课堂上的'思维训练'讲得太好了。"

"老师,你昨天的课讲得太好了。"

第一句的好处一是直接点到了被夸者的兴奋之处或得意之处,可以产生"心有戚戚焉"的认同感。或者说,夸人要夸到点。二是表明自己对待被夸者,不仅重视其人,而且重视其言、其事,效果自然远远好于泛泛而谈的第二句。或者说,夸人要夸到位。

（五）公开比私下好

这个就不用举例子了,因为道理很明显,在公开场合夸人可以让更多人知道被夸之人所被夸的事,自然被夸之人会感受更强烈一些。

（六）不夸比妄夸好

夸人要看场合。比如在夸人者与被夸者之外还有更牛的人在场时,就不宜夸,否则会使被夸的人极不自在,而且如果因为这种夸奖作用于更牛的人而产生恶果,那被夸者甚至会记恨夸人者了。再如谈生意的场合,就不能夸自己的上司大方、大度,这等于把领导架高,他就不好再过分杀对方的价了,赚不到钱,肯定会说你不懂事的。

夸人要看身份。被夸人的心理兴奋度是根据夸人者的层级而有区别的。被层次越高、专业度越高的人夸,产生的心理兴奋肯定也更大,反之则相反。因此,当夸人者缺乏某一方面的资本时,不要在这个方面上去夸人,因为很难夸得专业,其结果往往适得其反。

夸人要看时机。比如你的领导事业遇到挫折了,这时你夸他水平高、能力强,会让他很难受。再如你的领导谋求更高的岗位失败了,这时你夸他前程远大,更会让他气不打一处来。时机不对,夸人会让被夸者有被讽刺的感觉,效果会很差。

当场合不宜、身份不符、时机不妥时,夸不如不夸,只要保持一个真诚的表情,也就足够了。有时一个真诚的表情、一次专注的倾听、一个会心的微笑,产生的效果远比夸人好。

综合运用上述方法,并注意观察被夸者的表情与反应,进而不断调整与改进,基本上就会夸人了。

## 三、陪同领导参加活动时如何讲话

陪领导参加活动,是指陪同领导出席一些有"外人"参加的正式与非正式场合,比如宴请、会议、座谈等。在这种场合,作为下属如何讲话、讲什么话是非常重要的,既是职责所在,也是展现自己的机会。

(一)不能说的话

1. 锦上添花。当"外人"夸自己的领导时,作为下属不能借着话头向上"加码"顺着夸,因为"自己人"夸就是"自吹自擂"了,既容易激起"外人"的逆反心理,也会让领导很尴尬、不自在,这样就容易把整个局面搅乱了。因此锦上添花是事理不明,给领导添乱。

2. 趋势附和。当"外人"发言或阐述某个问题时,作为下属不能积极附和,因为这是在助他人威风,灭自己士气。同时也显得自己缺乏主见,不够水准。因此趋势附和的效果是"缺乏主见、自贬身价"。

3. 勉强扭捏。当领导发言或表态,需要下属提供数据、列举事例、说明情况进行配合时,下属在回答时不能勉强扭捏。因为这时下属态度不坚定,会显得领导说的话是空话、套话、假话,使领导的意图完全落空。因此勉强扭捏的效果是"不见真心又引领导疑心"。

4. 戏谑不经。不管什么场合,领导需要维护形象,因此由下属说一些轻松话题来活跃气氛是正常而且必需的。但是下属绝不能用下流、低级、庸俗的话题来活跃气氛,这样虽然会起到搞笑的效果,但是会坍领导的台,影响领导甚至是一个单位的形象。因此戏谑不经的效果是"不务正经,自毁前程"。

(二)应该说的话

1. 雪中送炭。在场面上,"外人"纷纷发言,但是议题分散,焦点没有集中到自己的领导这里,这样会使领导觉得不受重视,甚至没有面子。这时就需要下属抛出一个既能够吸引大家注意,又使大家的注意力集中在领导这里的话题。因此,雪中送炭的作用是"导引方向"。

2. 扭转乾坤。在场面上,话题铺排开后,如果"外人"纷纷由着性子说一些不相干的话,与场面的主题脱离太远的话,会空耗时间,不得要领。这样领导组织这个场面的意图就无法实现,甚至白忙一场。这时需要下属找准时机,先肯定、赞扬前面的发言,然后将话题合理引导到这次活动的主题上,甚至可以请几位"点子清"或关系近的人先发言,以导引众议、把握趋势。因此,扭转乾坤的作用是"回归正题"。

3. 画龙点睛。在场面上,"外人"纷纷发言、表态,或肯定工作,或表扬成绩,但是力度不大,无关痛痒,甚至轻描淡写,会让领导觉得"赔了本"却没赚着"吆喝"。这时就需要下属及时点题,指出领导非常关心这个事,高度重视,多次过问,精心组织等,把领导的作用体现出来。因此,画龙点睛的作用是"突出领导"。

4. 营造气氛。在场面上,尤其是座谈会的场合,有的踊跃发言,有的一言不发;有的表扬,有的批评;有的提意见,有的提建议。场面冷热不均,大家反应不一。而领导是想要听到一些好话的,这时就需要下属及时抓住踊跃发言且是肯定语意的话头,态度诚恳,真心实意,摆事实讲道理,影响其他人的心理,把肯定意见树为主流,营造一个既讨论热烈又多方肯定的气氛。

## 四、如何说"假话"

这里的假话当然不是指谎话,更不是骗人的话,而是指在工作中、生活中处于一些自己不乐意、不情愿、不自在但必须参与应酬的场合,或遇到一些自己不喜欢、不认可、不待见但不能得罪冷落的人,这时需要说的一些并不符合自己本意,而主要是"应景"性的、交际应酬性的、"面上"的话。

这样的话自人类社会形成以来就有,而且会伴随着人类社会一直存在下去,是一种普遍存在的正常社会现象。当然也存在一些对这一现象的否定判断,但这既不现实也不可能,而且就连否定者本身也无法做到。因此要在社会中生存与发展,说"假话"是必须了解与掌握的。

但是这样的话并不好说,由于不是出于本意,因此在说话时体现你本意的神情与体现你意图的语言两者间通常不匹配。比如你并不认可某人,但必须说一些场面上的话时,即使你的语言是在夸对方,但你的神情却会不自主地流露出一些不屑,这种反差自然会让对方察觉到,既显得你不真诚,又让对方觉得受到了轻视而产生后续的不利影响。

那如何才能会说"假话"呢？核心是让神情与语言匹配起来,即用真诚的表情说不符合本意的话。

第一步是观察并记录自己说符合本意的话时的眼神表情,即先要明确真诚时的神情是什么样的,眼神与面部表情有什么特征,并要进行模式化的提炼、抽象与总结。不过自己当然看不到自己的眼神与表情,只能多个心思用心去体会,多思考、多琢磨就可以探察出来了。

第二步是观察并记录自己说不符合本意的话时的眼神表情,即还要明确不真诚时的神情是什么样,眼神与面部表情有什么特征。通常人们在说言不由衷的话时,经常会伴随有一些不自然或无意识的小动作,要注意观察与发现。

第三步是在说不符合本意的话时,根据前期记录的特征表现出真诚的神情,同时极力避免出现前期记录的不真诚的神情特征。这一步当然是要进行大量的练习与实践的。

以上三步可以用一个简单的例子来说明:

第一步是观察并记录说 1+1=2 时的神情;

第二步是观察并记录说 1+1=5 时的神情;

第三步是在说 1+1=5 时表现出说 1+1=2 的神情,同时避免出现 1+1=5 的神情。

用这样的方法练习,不仅可以提高语言表达的技巧,而且能很好地训练思维,可以拓展思维的层次与空间。

以上是练习的方法,另外还有几点注意事项。

1. 表情要真诚。表情不真诚,不管是不屑、轻视、冷淡还是过于热情、吹捧、接近都会让对方产生不好的感受,而带来不利的后续效果。切忌这种没有实体价值上的冲突与收益,在言语神情上得罪人是最没必要的,也是最划不来的。

2. 应对有套路。经验多了,把各种场合、各种类型的人归纳一下,总结出并不断优化几种应对的套路来,这样说话时"想如何说"耗费的精力就少了,相应地就可以更从容、更自然地表现出真诚的神情了。另外由于是不断总结与优化出的套路,实际效果也会远好于临时性的应激反应。

3. 不说"真"假话。本文涉及的所谓"假话"是指一些应酬、应对、交往、场面上说的一些不出于本意,基本不涉及实质意义的话。"假"是指不符合本意,而"真"假话是指不仅不符合本意,甚至不符合客观事实,而且涉及实质意义的话。这种"真"假话说了往往会产生责任,带来纠纷与不利影响。因此即使在应对一些不重要的场合与人时,也要控制自己,不能信口开河,以免造成被动的局面。

第 5 章
# 习练识人

"识人"就是分析、判断、推测一个人在过去、当下及未来的思想、心理、生活与工作状态。但是每个人表露与隐含的信息都很多,想要全面地分析与解读,既无可能也无必要。概括地说,要以自己为人处世的风格特点为基础(因为"识人"有很大的相对性与主观性,针对同样的一个人,每个人都会产生自己的"识",所以一定要以我为主,与我相适,为我所用,不能人云亦云),以利弊得失为标准(这也是"看穿人"的目的所在)。

## 第1节 "识人"的要点

第一是性格。通常性格在很大程度上影响甚至决定着一个人的行为方式,因此首先要从性格着手,看这个人是内向还是外向,是沉稳踏实还是浮夸轻佻,是活泼大方还是拘谨老实,是可以信赖还是需要提防,是谦虚还是自满,是遇事满不在乎还是认真负责,等等。

第二是思维。思维主要可分为偏感性和偏理性。大多事业发达者是偏理性思维的,即便有时表现出感性一面,那也是暂时的,而不涉及"实质问题"。这一点在"识人"时要特别注意,不要被暂时的感性所迷惑,因为但凡事业发达者没有不精明的。事业欠发达者的思维特点则主要受职业影响,从事具体性、细致性工作的人通常偏理性思维;从事事务性、交往性工作的人通常偏感性思维。不管应对什么思维类型的人,都要以"利"为基础,而在表现方式上,对理性思维的人以利动之,即"利+利";对感性思维的人以情动之,即"利+情"。

第三是境况。一个人的各种特征与特点,都与其曾经及当下的生活状态有密切关系,并受其影响。可以通过衣着、举止、神情、谈吐四项进行综合分析,判断其历史与当下的生活状态,进而推测其为人处世的风格特点,便于有针对性地做出应对。当然也会有

"遮掩"或"假装"的情况,但很难在衣着、举止、神情、谈吐四个方面都遮掩得圆满,有一项不足,就可以探知底细。

第四是素质。主要包括知识水平与文化修养。素质主要从对方谈话的"观点"中探查,不要听其前言后语,就抓观点。看其观点有没有深度、广度,是否偏激、另类、怪异,是否标新立异,是否散漫无端。通常平实、鲜明、合理,而又具广度与深度的观点可以反映较好的知识水平与文化修养。

第五是心理。心理主要是看心理承受能力与敏感度。心理脆弱敏感、过于自信或过于自卑都是不宜合作与交往的。需要注意的是,性格外向未必心理素质好,性格内向未必心理素质不好。没有合理缘由的过于自负通常是由于过于自卑导致的。此外还要注意辨别心理异常,心理异常的人通常很难长时间保持一种状态,会不由自主地出现小动作、小表情与小眼神。

第六是弱点。结合以上五点分析基本可以判断出一个人的性格、思维、境况、素质与心理上的弱点或缺陷,分析、判断出这些情况,在交往时就容易掌握主动权。这当然不是为了伤害对方,而是可以提前预防、避免风险,并保护对方。

第七是利弊。"识人"最基本的路数是通过以上六点的分析、判断、推测,把人分为"好""坏""有待确定"三类,"好"就是能为自己带来好处的人,而所谓"坏"就是可能给自己带来风险或损失的人,"有待确定"就是视"事"而定的人,做这件事可以为自己带来好处,而做那件事可能为自己带来坏处。随着能力提高,还可以再细分出"可以争取"类,即可以通过做工作,使其转化为"好人"。

第八是交往。把握了以上七点,就可以很好地制定与特定人交往的特定策略。与不同的人运用适合其特点的相应策略交往,才能使人际交往取得优化的效果。

## 第 2 节　"识人"的方法

"识人"是指通过一些外在的信息，大体判断出一个人的经历、思维、心理与意图。只要从事社会活动，就会与人打交道，因此"识人"非常重要。但由于"识人"是一种具有明显个体差异的完全主观的思想活动，即每个人的"识人"方法与标准只能由自己得出。因此这里无法给出具体的分析标准，而只能提供一种训练与提高"识人"能力的方法。

训练与提高"识人"能力大致要从五个方面入手，即一组模型、一个习惯、一条主线、一套方法、一点异常。

### 一、一组模型

这里的模型是借用数学的表示方法。人的模型是指能够准确反映某一类人的特质的一组真实的、系统的、完整的、形象的，具有高度代表性与概括性的，相互之间有内在逻辑联系的特征值。这一组特征值既可以用来表述某一类人的特质，也可以以此为标准来分析判断某一个人是否属于这一类人。

建立"识人"模型的方法，首先是注意观察日常生活与工作中的大量人际交往及其结果(不仅包括你直接或间接参与的交往,还包括你观察到的甚至是你从各种媒体了解到的)。其次是依据交往结果的性质进行分类,这里的性质是指这种交往结果相对于你的利益损益(不单纯指经济利益,也包括情感、荣誉、地位、权力等非经济利益,甚至是不可名状的心理性收益),通常可以分为较大获利的交往、一般性获利的交往、既无获利又无损失的交往、一般性损失的交往和较大损失的交往五类。再次是对每一类交往指向的人的特质进行归纳、分析、总结、提炼,进而抽象出反映这一类人的特质的一组特征值。通常包括眉眼、五官、口形、眼神、神态、语气、音调、举止、步态、坐姿、对各种人(异性、同性、领导、下属、同事、外人等)的直观反应,以及一些习惯性的小动作等特征。

将每一类人的特征值纳入一个系统中,就构成了一组"识人"的模型。需要注意的是,"识人"的模型是动态的,随着你阅历的丰富、经验的积累以及对人的认知的深入,应不断优化与改进。

"识人"模型的优势在于与人交往之初,就可以通过模型对对方进行基本的心理分析、意图判断及结果预测,进而采取相应的对策。比如遇到一个看起来会给你带来较大利益的人,但这个人的特征值大部分符合你的"较大损失的交往"模型里的特征值,这时就需要提高警惕,不要被表面形象所迷惑。

需要说明的是,建立模型的过程是繁杂而辛苦的,但是模型一旦建立,使用起来会相当便捷且收益巨大。

## 二、一个习惯

提高"识人"能力,必须培养一个习惯,即初次遇到一个人,在不熟悉的情况下即对其进行各项特征值的分析,并储存结果。其后随着交往的加深和了解的深入,在较为全面地把握其各项特征后,将最初的分析判断与此时的结果进行比对、检验,其中的差异即说明了"识人"能力的某种欠缺,进而修正与调整自己的"识人"能力,并对"识人"模型进行优化与改进。

培养并坚持这一习惯,就会在表现与结果之间建立一种对应的逻辑,其优势是"一眼"就可以大致判断出一个人的基本情况,分析其意图、把握其特点。持之以恒,还可以判断、分析出更多的信息与情况,比如生长环境、个人经历、生活状态、思维特点等。就像英国诗人柯勒律治(S. T. Coleridge)所说,每个人的脸上都写着历史或者预言。

### 三、一条主线

一条主线是指"利益线"。"天下熙熙皆为利来,天下攘攘皆为利往",任何一种指向你的行为,都不会是无缘无故的,其背后的原因大都是利益诉求或企图。因此在遇到某人突然对你示好或示坏时,不要被其表面化的语言与行为所制约,而要从你与对方共同涉及的环境、形势、背景出发,积极探究其语言与行为背后的利益企图,这样才能辨善恶、知良莠,进而相应地制定有利于自己的对策。

用利益线分析大致可以涵盖 80% 的行为与交往。但是还有 20% 例外,这个例外就是"性别线"。即异性之间往往可以做出一些无涉利益的,或者不可理解、不可思议的行为与交往。当对你与异性之间的行为与交往用"利益线"分析不出结果时,用"性别线"往往可以得到答案。

### 四、一套方法

一套方法包括归纳、分析、抽象、提炼与演绎。归纳是对自己所接触到的、了解到的人进行归类,比如可以依据在交往中神态是否自然进行分类。分析是指对与其相关的结果进行分析,哪些是利于自己的人,哪些是不利于自己的人,比如与自己交往时神态不自然的人通常会产生对自己不利的结果。抽象是指首先对某一类人具有的一些共同特征进行筛选,进而抽象出主要的几个指标特征。比如与自己交往时神态不自然的人通常会眼神游离、言语闪烁,而且在几句话后就会有干咳或干笑。提炼是指对抽象出的特征进行具体的界定,即确定特征值,比如什么是眼神游离、言语闪烁,不同的人会有不同程度的表现。演绎是指从提炼出的具体指标出发,依据有限的经验事实,推导出一个完整的意象。比如再遇到眼神游离、言语闪烁,而且在几句话后就会有干咳或干笑的人,就可以基本得出此人将不利于自己的结论。

### 五、一点异常

交往的人多了,久了,积累了一定的经验,就可以大致把你交往的对象分为"正常人"与"异常人"。"正常人"是指与你交往的过程和结果通常都处在正常的范围内,这种交往具有正常性、规范性和可预测性的特点。比如与属于"正常人"的领导交往,提拔你通常是任期满了提,一级一级地提;而贬斥你通常也与你的工作失误相关,也就是说交往的结果都会在一个正常的、可以预料的范围内。"异常人"是指与你交往的过程和结果很可能处在正常的范围之外,这种交往具有非正常性、不规范性和不可预测性的特点。比如与属于"异常人"的领导交往,很可能由于你的业绩出色,而不按任期提拔,甚至越级提拔;而贬斥你通常也与你的工作失误不相关,既可能有错不纠也可能杀一儆百。因此在与人交往中,一定要注意观察一些异常特征,并将这种特征与其后的结果对应起来,进而分析、判断并把握那些可以为自己带来重大收益的"异常人"与异常交往。

熟练掌握与运用这五部分内容,不断体验与修正,就基本具备"识人"的能力了。

## 第 3 节　"识人"的训练

"识人"是人的"攻击性"本能的最基本表现,在工作、生活与社会活动中非常重要。不管做什么事,都要与人打交道,因此会"识人",就具备了前提性的优势,是做事取得好的效果的强力保障。

另外,"识人"还可以极大地改善心理状态并提高心理素质。心理问题产生的一个重要原因就是人的本能受到了压制,使人的正常欲望无法实现与表达,而出现心理问题。而训练"识人",通过对人的本能的最基本的构成——"攻击性"的恢复,可以激发人的本能的全面恢复,而使心理状态得到全面改善,同时对思维也是非常好的训练与提升。

另外,与人打交道时,如果一开始就能分析出对方的"底细",找到对方的"敏感点",再进行有效的"干预",会更有利于实现自己的"意图"。

但是,"识人"并不容易练,一是当前人们的心理状态普遍比较弱,"攻击性"这种本能比较缺乏;二是没有恰当的方法进行指导、引导和训练;三是对"识人"的这种"攻击性"有恐慌感。因此,以下借辅导一名学生练习"识人"的实例,一步步地展开与引导,使大家了解"识人"是怎么回事,有哪些基本路数,怎么习练,以及纠正对

"识人"与"攻击性"本能的不必要的误解。

识人的训练,一共有三个层面。

最简单的层面就是找人的缺点。见到一个人,就全面地进行观察和思考,进而总结出这个人的缺点,或者弱点,或者缺陷。缺点一般指能力方面,弱点一般指性格方面,缺陷一般指背景方面。

第二个层面就是"8+1"框架,即8个方面、1个总体概括。

8个方面是指:

1. 父母家庭;
2. 成长经历;
3. 性格心理;
4. 为人处世;
5. 异性交往;
6. 生活状态;
7. 工作状态;
8. 缺陷弱点。

1个总体概括:这是一个简要易练又比较全面的框架,把对一个人的观察思考总结出来填进去就行了。

下面是一个指导学生进行识人训练的实例。

**学生**:老师,我问些问题。

您说要善于分析别人,我觉得挺有道理,但分析起来总归带点主观情感,容易偏激,尤其别人给我的第一感觉总是不准,久而久之我就总是告诫自己别随便评价别人。而且这种分析的结果有必要和别人交流吗?比如我要跟我分析的那个人交流"我觉得你怎样怎样"……然后不断纠正结果,其实我觉得对人的看法不可能是一成不变的。另外,我还觉得盲目分析别人显得有些不礼貌。

还有提到分析别人,我一直觉得这样会让自己处在旁观者的位置,总是做不了参与者,所以朋友也不会很多。如果我和朋友一起出去,也要分析同行的其他朋友吗?是不是要找个机会和那些不认识的同行者认识一下?我确实这样做了,但总觉得挺刻意不自然,似乎我有点心急,最终也没留给别人太好的印象。

最后,我觉得很有道理,但不太理解的是,为什么要分析别人,但别分析自己?我在分析别人的过程中难免会联想到自己,产生比较,这容易让自己越来越不自信,就好像听自己录的声音和看自己拍的照片永远不满意是一个道理。但与人打交道的过程中,难免要分析下自己的形象和言行举止,想着自己对别人造成了怎样的影响,是好还是坏……这算折腾自己吗?我自己觉得适度分析自己,特别是自己给别人留下的印象还是有必要的,只是得把握好度,避免想太多,否则反而是折腾自己。

还是说真的就完全别分析自己?

**老师:**这是现在辅导中最常见的问题,就是什么都没做呢,先想各种不好与不可能,然后什么都不做。

你看你写了这么长一段话,但是一句"实话"都没有,一点儿干货都没有,全是自己的想象、揣测与臆断,没有一点儿"真抓实干"的意思。这样当然会越想越恐慌的。

现在不要再想这些虚的了。按我的要求一步步地实干起来。

下面,第一步。找一个具体的人,把对这个人的分析写下来发给我。

**学生**：我分析一下我的室友吧。我对他不太熟悉,正好分析一下请老师指点。

1. 他比较闷,也可以说比较沉稳,但在喜欢的朋友面前显得很活跃。我和他不熟,我俩聊得不多,有时候能打开心扉聊上两句,也仅此而已。他帮助人挺热心、挺暖心的,有时候问他些经验或者找他帮些小忙,他都会帮。但他几乎不找我帮忙,和我有些见外。

2. 他工作三年了,以前我觉得他认识面比较广。但现在我也不这么认为了,我现在觉得他认识些我不认识的人挺正常,因为我也认得许多他不认识的人,就在我们公司这个圈子范围里来比较。他人缘真的不错,有时候我也觉得他挺不错,很和气。

3. 他有些洁癖,办公桌一乱就受不了。工作上是对别人要求高,对自己要求低。有时候事情压在他那里,会影响我做事,我给出明显暗示他都没察觉出来,得说明了才行。但这毛病有时还会再犯,我不好意思说第二遍。

4. 他家经济状况应该不错,但也不算特别有钱,有自己的私家车,也会出国旅游,但不张扬。

5. 他皮肤打理得不错,但不能坚持锻炼,会零零散散地去跑步,身体状况不算太好,偏胖。平时饭局多,喝酒多,但算不上酒鬼。之前他说自己精通绝大多数牌类,这肯定是真的,因为他不是那种吹嘘的人,比较老实。

6. 我不清楚他有没有女朋友,之前他的朋友圈里发过他和一个女生的合照,但之后删掉了。问他有没有女朋友,他说有,我觉得不方便再多问。可能他不是特别擅长恋爱吧。

7. 他虽然说喜欢跑步,但是也不能坚持。他饮食习惯不好,老是晚上吃小零食,减肥也就嘴上说说吧。

8. 出门有时候戴个棒球帽,我觉得和老师说的长刘海有点类似,我没问过他为什么,可能早上发型没来得及打理,也有可能和我一样是为了挡太阳,我有时候为了顾及额头的痘痘也戴帽子。他品位还不错,不论衣服、鞋子,还是生活用品。

9. 现阶段他在准备金融分析师考试,他去年也考过,失利了。我之前通过了,分数还不错,曾流露出一些想给他介绍些应考经验的意思的。他也和我说过些以后给他介绍经验的话,不过没和我多交流。有时候我主动询问他复习得如何,他就草草应付两句,可能因为我们不太熟,交流本就不多。感觉他有点坚持自我,对我有些不服,或者不屑,就一点点,可能我们周围的人都有点坚持自己的方法。

10. 经常看到他买书收到的快递,但没见他读过。他应该看书不多,倒是喜欢看电视剧和综艺节目。

11. 他工作不积极,但是挺认真,至少挺执着,这方面还真不容易判断,工作忙的时候会加班,但不经常加班。

12. 他给我的总体感觉是严谨中带着冒失,正经中带着不正经。

我自己也想不到,本就想写两句,没想到写了这么多,原来我对这个不熟的室友还能有这么多分析。

**老师:** 1. 能写这么多,很好。观察还是比较细致的,这个习惯很好。

2. 但是,虽然写得多,却没有逻辑,很散乱,这12个点形成不了一个系统。而识人既要把人进行分解,又要从总体上把握,即要在人这个系统下进行分解,这样才不会跑偏。

3. 对人的特征抓不准。看了这12个点,却看不出来这是个什么样的人,"东一榔头西一棒槌","蜻蜓点水",人的特征不鲜明。无法把人的特征勾勒、刻画出来。识人,要会"抓形",即能够把人的重要的几个核心特征准确地抓住,标准是一说这几个特征,这个人就"跃然纸上",把人还原出来了。这就到位了,也是识人的前提。

4. 更重要的,你这12个点不是在分析,而是在描述。分析是发现"看不到"的东西。

第二步,用"8+1"框架进行分析。不知道的就猜出来。

**学生**:不知道的应该不用去问他吧?

**老师**:猜!

习练识人的本事,一开始一定要靠猜。一开始肯定也是分析不准的。猜的用意,一是训练收集筛选信息、反复琢磨、推导结果的意识与能力;二是丰富样本库,即通常看到一个人的某一个特征,只能直观地推测出一种结果,这就太局限与单一,很难分析准确。而多猜、多琢磨,就有很多种可能作为备选,然后在这些备选里根据这个人的其他表现与特征进行筛选,选择最贴切与符合的,就能做出准确的分析判断。

**学生**:好的,那我按这个框架写。

1. 父母家庭。父母关系和睦,但算不上亲密。感觉他身上缺少一种进攻性和冲劲,也不擅长谈恋爱,可能和这样的父母关系有关。家庭条件不错,但不是特别有钱,用得起比较奢华的品牌,有自己的私家车,也能出国旅游。

2. 成长经历。成长中受到阻力较小,在呵护下长大,家里的教育是一种传统的中规中矩的教育,所以他有些传统和保守。

3. 性格心理。偏内向,但在自己喜欢的朋友面前会很开朗活泼。挺随和，很少发脾气，但可能有些闷脾气。喜欢掩饰自己。

4. 为人处世。不爱找别人帮忙，至少不爱找我帮忙，挺乐于帮助别人，但说不上热心。思考问题偏感性，但有些点是比较严谨的。

5. 异性交往。很少和异性交往。之前他的女朋友的存在感也很低。

6. 生活状态。还好。

7. 工作状态。有些拖拉，上班会按时到但不会提前。对别人要求较高，但对自己要求较低。

8. 缺陷弱点。不知道啊。

总体概括。总结不出来啊。

老师，我觉得后面三个概念有点抽象，我挖不出多少具象描述的词汇，我这样写符合这三个概念吗？这样写反而好像写不出多少东西。

**老师**：写不出东西，是因为没有具体的事例支撑。比如父母关系，为什么说算不上亲密，你是通过什么"蛛丝马迹"发现的这个点，或者产生了这个判断？还有做事方式，把"拖拉"的具体表现写出来，不仅可以分析出他的做事方式，还可以发现你之前没有发现的新的细节，产生新的判断。

但是你从这8个点去分析，已经不会再联想到自己了。

**学生**：确实。

**老师**：所以分析人是不会涉及自己的。这也是通过分析人可以提高心理素质、改善心理问题的好处。

下面做第三步。把8个点联系起来思考，他为什么会这样？

**学生**：家里条件较好,环境也比较安逸稳定,消磨了他的冲劲和拼争意识,造成他有些内向和沉闷,有点安于现状。

而他表现出的严谨,更多是表面上的严谨,可能是家庭对他的传统、中规中矩的教育所导致,这样的教育偏重于形式,让他缺少实质的锻炼,所以导致他严谨中有冒失,正经中有不正经,对别人要求与对自己的要求不成正比。

可是这样分析不就相当于把人框死了吗?难道这8个点里前几点的条件,尤其是成长经历、父母关系这些,会让一个人永远不能有所改变吗?

**老师**：能这样联系起来想很好。

但是太表面化。没有把其中的机制分析出来。而且对"矛盾"的地方不敏感。比如"家庭条件",正常情况下,人的心气会比较高,会更积极主动,而他为什么会"内向和沉闷"?这说明一是你对"矛盾点"不敏感,二是对生活缺乏观察。识人的切入点就是"矛盾点",而怎么解读这个"矛盾点",靠的是平时对生活的观察,拿从社会现实中观察出来的"正常"去分析一个具体的人的"不正常",才会得出深层次的东西。

再如"严谨中有冒失",这显然更是一个明显的矛盾。说明什么?多观察严谨的人是什么样的状态,多观察冒失的人是什么样的状态,再去分析这个具体的人的"严谨中有冒失",可以得出他的"严谨"其实是在压制自己,做出"严谨"的"样子"。而人不可能总是在压制自己,遇到突发事件,或处于心理不稳定的状态下,压制不住自己了,就会"冒失"。这也是为什么分析的时候要有具体事例。在描述具体事例时,就会发现他在什么时候,什么状态下,处于什么环境中不再严谨,而会冒失。这个要长期训练。

下面做第四步,在这8个点的基础上,再加2个点:他的兴奋点是什么,脆弱点是什么?

比如,说什么话,或者什么样的环境、场景、人物,能够让他兴奋起来。说什么话,或者什么样的环境、场景、人物,能够让他低落消沉收缩起来。

这个不要马上就想,而是要带着这两个问题,再到现实中观察他。从他的言行举止、行事思想中慢慢发现。这需要一个较长的周期去训练。以后养成习惯了,练出本事了,就可以"一下"抓住这两个点。

其实,识人不是为了分析人,而是要去干预人。也就是第五步,怎么干预他?

公众号(两情相悦的艺术)里有关于干预人的文章,可以参考。如《她喋喋不休,我只做了一个动作,她就安静下来了》与《心理干预的基本机制(异性上司总是下班找你谈话怎么办)》。这是非常重要的能力,可以让他兴奋,在工作中与你建立良好的关系,更好地协作。也可以在与他的竞争中让他消沉,消解他的精神能量。

**学生:** 老师,分析人的话,哪怕只有一点点线索也行吗?就比如您说的,只知道网络头像,哪怕不是自拍照。我觉得有道理,因为每个人选自己的头像都是经过一番琢磨的。可是仅仅知道一点线索,就这样去猜,会不会让自己先入为主,对别人产生认知偏差,在以后的相处中提前给自己设障?

**老师:** 这就是分析人的一个基本习练流程。

另外你的这个担心又是"空想不做"的体现。真抓实干了,就不会有这样的疑虑。现实中的线索,虽然只有一点,但是还有其他现实环境作为线索。比如从你这种"空想不做"的思维模式,就可以判断出来你父亲性格比较弱势。

人的现实心理、情感状态主要受"过往"影响。找到了这个"过往"才能真正了解一个人,而不被"外在表现"迷惑,更不会被他怎么说误导。分析人的用意是为了更好地干预人,而不仅仅是分析。

本事是练出来的,兴趣与习惯是第一步。然后按这个基本套路反复练习,本事就有了。

**学生:** 老师是怎么分析出来我爸爸比较弱势的?我家一直以来确实都是妈妈强势,和爸爸关系不太好。

**老师:** 虽然"只想不做"只是你这"一个人"的"一个特征",但是我观察过"很多个人"的"很多特征",并总结出了其中的机制,把你这一个人的一个特征放在这个样本库中,用这个机制去分析,就可以得出结论了。

因为通常情况下,人的为人处世的能力与心性,主要是父亲教育、培养的。如果父亲强势,一是言传,会教给你很多分析人、应对人的技巧;二是身教,你会对这种场面很熟悉、很敏感。因此与我讨论这方面的问题,言谈话语就会不一样,应该是"一出手"就有"上路"的感觉。而不是过多地空想,手底下却没有动作。好好琢磨琢磨。

**学生:** 明白了。谢谢老师,我会努力学习的!

**老师:** 不需要努力,放松!养成习惯就行了,习惯成自然。

# 第4节 "识人"的应用

我们通过一个具体的实例来讲解说明"识人"到底有什么好处,具体怎么用。

有位女生发来信息,说和男领导一起出差。晚上吃完饭回到酒店,男领导发来微信:"过两天忙完了我们去当地的景点转转。"女生有些震惊,没有接男领导的话,而是回了"晚安"。回复完又担心是不是自己反应有点儿过了,所以就来问老师。

**老师**:你觉得"过"在哪里?
**学生**:感觉不接他的话直接说晚安有点突兀,有种泼冷水的感觉。但这是我的目的,不想跟这个经理单独出去玩。

其实这就是个普通的同事间的对话。男领导说这样的话也是很正常的。是同事,又一起出差,忙完了一起转转,是很正常又自然的事。

但是女生的心理状态是"缺乏安全感"的。虽然这些年已经好多了,能够意识到反应是不是过了。所以要抓住这个机会一点点引导她,进一步强化她"识人"的意识和能力。

女生"缺乏安全感",通常是成长过程中被父母不当诱导和限制而形成的。比如父母过于强调"社会上多乱""女孩子一个人多危险""男人都不怀好意"之类,同时又限制女生的对外交往尤其是与男生的交往。

真正经受过危险的,倒未必会缺乏安全感。

长期的不当诱导和限制,就会使女生逐渐养成"担惊受怕"型的心理兴奋机制,会对"危险"信息产生特异性的心理需求。在家里时,由父母提供这种信息,而长大离开了,没有父母提供了,就要靠自己来"自给自足"了。最常见的模式就是把正常男性和与男性的正常交往"危险"化,以满足自己的特异性心理需求,产生心理兴奋。

**老师**:那你想想怎样回复才是正合适?

**学生**:第一,我判断这个经理这么晚说后面去哪里玩,是一种试探。第二,这里回复"好呀,后面大家一起去"比较合适,暗示他不想和他单独出去。

**老师**:想多了。和他一起出去也挺好。

**学生**:又是想多了呀?

**老师**:男性想和你一起玩,很正常。

其实这种情况在以前,包括在我的父母那一代人和我这一代人中,都是正常的。非常普遍。

但是由于社会转型太快,尤其是 1995—2005 年,父母面临的压力很大,很容易产生负面情绪而被动地不当诱导孩子,以及限制孩子的外部交往。

而这些以前是做不到的。小时候住大杂院,父母忙于生计,每家有好几个孩子,所以很难形成"缺乏安全感"的心理机制。

**学生**:同龄人我不会多想,会很积极。但这经理快40岁了。不过之前一起干活,对我挺好。哪做得不好,他该说都说,我也立刻改进。

**老师**:你要先拿定主意,然后按你的主意去做。如果你这样想,提前拒绝不是很好吗?为什么又要想"是不是反应又有点儿过了"?

这就是把经理"妖魔化"了。一起工作过相当长一段时间,难道还判断不出来经理是个什么样的人吗?另外从聊天记录和女生的表述看,经理人是不错的。

但是由于她有特异性的心理需求,所以第一反应不是分析判断,而是直接把外部信息"危险化"以满足心理需求。

**学生**:对。遇到这种事,第一反应是下意识慌乱,容易判断失误,所以拿不定主意。做了决定(拒绝),又担心判断错误,拒绝了对我好的人。

**老师**:你可以想:能怎么样?

**学生**:就是领导叫我出去玩,就算出去了能怎么样,还是拒绝了能怎么样?

**老师**:就是最坏能怎么样?他能把你怎么样?能有多大个事?

这就是底线思维。再说光天化日,朗朗乾坤,能怎么样呢?其实只要没有其他想法,也不会怎么样。

**学生**：最坏的结果，领导意图不轨，我拒绝了，他会在公司针对我。

**老师**：这样你不是抓住他把柄了？应该是你拿住他了呀。

**学生**：老师太厉害了！两下点拨让我茅塞顿开！1. 思维上慌乱时候想想答应能怎么样；2. 对方的越界，是我方的把柄。

意识结构缺陷导致的心理结构不完整而形成特异性的心理需求，这也是一种心理问题。

这么多年见过太多心理问题了，有这些问题的人无一例外"不会坏"，绝大多数还喜欢攻击自己。而"会坏"却是人的意识、心理、思维结构中不可或缺的重要组成部分。

这位女生也是这样，从最早的抑郁症开始，一步步踏上了"学坏"的心理成长道路。到现在，最大的改变是会和人亲近了，喜欢和同龄男生交往了，而且思维灵活、反应快。只是还残存了一点点对"危险"的心理需求。

一定要记住，"会坏"不是坏事，更不是做坏事，只是正常人的正常组成部分。而且"会坏"的人由于心理、思维、意识、手段成熟丰富，更容易去做好事，因为做好事，才能精神欢愉，物质收益也更大。

# 第 6 章
# 习练做事

## 第1节　行动的计划与模型

1. 你的目的是什么？
2. 为实现这一目的你可以使用的资源是什么？
3. 实现这一目的的计划方案是什么？

制定出两个以上的计划方案，须注意：

（1）每个方案均应包括六个要素：Who-What-Where-Whom-How-When。即谁去做，做什么，哪里做，对谁做，怎么做，何时做。

（2）每个方案所需的全成本应在资源约束之内，即实施这一方案的全成本与可以使用的资源是否匹配？全成本过多说明这一方案缺乏足够的资源支撑；过少则说明没有充分利用资源。

（3）每个方案的预期实施结果应符合你欲达到的目的，即由于受制定方案的技术、方法与人员的影响，制定出的计划方案很可能与你的最初目的不相符。

（4）每个方案的预期实施结果所产生的后果（社会影响、各方评价）是否符合你的长远利益，即一个方案的最终结果不仅包括方案本身直接产生的结果，还包括这一结果产生的后果、社会影响、各方评价等，而这个最终的结果很可能不符合你的长远利益。

（5）每个方案预计实施的时间内，周期社会环境会发生什么样的变化,方案是否适应这一社会环境变化,即每个方案都是在当时的社会环境下计划与制定的,而实施是在未来的社会环境中,当时制定的方案是否适应未来社会环境的要求。

如果某一方案不满足上述五个条件,则对方案进行调整,进而制定出合理的计划方案。

4. 哪个计划方案是实现这一目的的最佳方案?

对各方案进行成本收益分析。选择成本收益比最大的方案作为最终方案。

5. 为这个最终方案编制预算、行动计划与时间节点。

6. 实施计划方案。

7. 根据预算、行动计划与时间节点动态、实时地评估计划方案执行情况,并根据发生的各种预料之外的具体情况对计划方案进行调整。

8. 计划方案执行完成后,进行总结并将经验用于下一个计划方案。

## 第 2 节　行动的路数

### 一、行动的路数

"路数"类似于"模式",是根据实践经验总结提炼出的具有一定结构、一定逻辑、一定流程的一套系统方法。做事要有"路数",这样的好处是克服了通常应激性、随意性、盲目性做事的弊端与差错,既可以防止纰漏与风险,又保证了做事的方向与效果都符合自己的最大利益。

行动的"路数"包括十个关键字:

1. 记。领受或从事某项工作任务时,要把领导的指示、对工作的要求、想要实现的目标详细记下来,尤其要注重细节性的问题。不仅要用脑子记,还要记到本子上,好在执行中随时参照,以免遗忘。

2. 问。大多数领导的思维都是跳跃式的,在给你交代工作的时候经常会想到其他相关的问题上去,因此布置的工作有可能是不系统、不明确、不详细的,这就需要你边听、边记还要边想。一是把其中的疏漏找出来,马上就问,这样会给以后的工作减少困难与障碍;二是想一个概略的做事思路,当场请教,可以避免以后方向性的失误。另外有些领导的言外之意、言下之意也需要你"旁敲侧击"地问出来。

3. 理。根据工作任务的属性特征,首先要理清其中涉及的利益关系,可能从这项工作或任务中受益的人与组织有哪些,可能利益受损的人与组织有哪些,在实施过程中会涉及哪些人与组织。理清了利益关系,就便于决定借助哪些人与组织的力量及资源,避免或减少哪些人与组织可能产生的阻力,从而更顺利地完成工作任务。

4. 查。接受一项任务、开展一项工作,首先要查资料,重点是三查:一查本单位历史上是如何做类似工作任务的;二查标杆单位和国际领先机构做类似工作的成功经验与失败教训;三查专家学者对类似事件的研究成果。把这三项资料汇集在一起,充分吸收、借鉴,并根据本单位实际情况进行适应性改造。

5. 谋。制定计划与实施方案,包括资金、人员、物资的调配,以及时间节点、实施流程、责任人设置,并制定详细预算。

6. 动。按计划方案具体执行实施。

7. 变。要随时留意领导思路意图的转变、外部条件与环境的改变,以及执行实施过程中出现的突发情况,并据此实时修改调整计划方案。

8. 报。在整个过程中每个阶段都要向领导与上级部门反馈汇报,遇到突发情况更要实时反馈汇报。

9. 评。工作与任务完成后,要全面地总结评估,如最初的目标是否实现,效果、效率、效益状况如何,与业内领先单位相比处于何种水平,等等。

10. 悟。全面系统地总结成功经验与失败教训,进而思考在思维模式、行动方式、应变能力、反应速度、组织协调等方面如何进一步优化提高。

掌握了"记、问、理、查、谋、动、变、报、评、悟"十个关键字,就基本具备了行动的"路数"。

### 二、做事的气度

为什么做事有气度收益更大,效果更好?

首先要明确,气度本身不会产生收益,而是一种必须"依附"于某种"能力"之上,参与或投入某个行动、事件之中,而得到超越能力本身应得收益的超额利益的思维模式与行为方式。可以说,气度起着类似于催化剂的作用,因此不能说谁的气度大谁就获利多,而应该说能力差不多时谁的气度大谁就获利多,或者说同一个人有气度时比没气度时获利多。

气度产生更大收益的机制,以一个最基本的"获得信息—采取行动—得到收益"收益模型的第一步"获得信息"为例。人们在社会生活中,会获得许多"获利信息",但通常情况下,大多数人会从第一批"获利信息"中选择一个最大获利可能的信息"采取行动"而"获得收益"。因为大多数人都有"逐利"的动机以及"唯恐别人抢先"的心理。而有"气度"的人不同,这种"气度"的思维方式与行为模式会"制约"人对获得的第一批"获利信息""采取行动",转而搜集更多的"获利信息"或等待更多批的"获利信息",等"获利信息"达到一定量后,再进行综合分析,从中选择利润率最高、可能性最大、成本最低的"获利信息"而"采取行动"以"获得最大收益"。

但是也可能其他的或后几批"获利信息"的收益率不如第一批,但此时由于"瓜分"信息的人少而相应的人均收益率也会提高。另外也可能放过第一批"获利信息"后再也不来"获利信息"而"颗粒无收"了，还不如没"气度"见好处就上的收益。这个现象肯定存在，这就是与高收益相伴的高风险，如何选择就看你的风险偏好了。

气度虽然可以扩大收益，但是却不容易获得，其中最大的难点在于"前路未知"与"看别人发财"。即收集与等待获利信息的结果是未知的，但是在这个过程中没有收益的同时还要看别人获得收益。因此大多数人会放弃收集与等候，即放弃"可能的大收益"而选择"落袋为安"，不要气度了。因此学练气度，宜反其道，以"小钱的失去"为手段。

当然，气度的修炼是一个长期的过程，除了"小钱的失去"，还取决于知识、文化、能力、阅历、环境、职业这些重要的因素，但要清楚一个辩证关系，具备"知识、文化、能力、阅历、环境、职业"这些方面的优势，未必有气度，而乐于承担"小钱的失去"，一定有气度。

另要注意，气度不是忍，而是容。有气度也不是为了证明给谁看，有气度是"我自己的事"，是"我的获利模式"，是"我的方法论指导"，与旁人无关。

气度更不是人的装饰品。

### 三、做事的顾忌与顾虑

做事要有顾忌，但不应有太多顾虑。

不说人，先看看动物。狮子是百兽之王，捕羚羊之前为什么也要左顾右盼、伏身潜行、猛然出击？它在顾忌什么？它需要顾忌吗？

它必须顾忌！因为它要观察哪只羚羊弱小，周围是什么地形，有没有其他大型动物，等等。而如果没有这些顾忌，不辨场合，不分时机,想什么时候出击就什么时候出击——虽然这样的方式更符合"狮性",但是我们现在在自然界却找不到这样享受"狮性"的狮子了。说明这种方式不利于狮子生存,已经在狮子的进化过程中被自然淘汰了,留存下来的都是"顾忌"的狮子。或者说,留存下来的是那些能够逾越"狮性"的狮子。

人其实也一样,只是由于社会的进步,人摆脱了生存的问题,但取而代之的是人的发展问题,其本质也是一个捕获更多、更大的"羚羊"的问题。同理,人为了获得更好的发展,就必须要顾忌,要观察最佳的获利点在哪里,判断如何获利,分析有没有竞争者,等等。这显然也是不符合人性的,但是同理,取得大发展的一定是那些能够逾越人性的人。

但是还有一些人,做事顾虑太多,甚至因为一些顾虑就打消了做某一件事的念头,这也不好。

还是以狮子为例,地形不好、风向不好、时机不好,就不捕猎了吗?不捕猎怎么生存呢?狮子当然是不会打消这个念头的,地形不好,就去占据好的地形;风向不好,就去寻找好的风向;时机不好,就等待好的时机。总之是一定要把羚羊抓到手的。

人也一样,切记:顾虑不应该影响你的目的,只应该影响你选择达到目的的手段。

## 第3节　行动中的实践技巧

### 一、如何"斗争"

年轻人一毕业参加工作就会接触到斗争。斗争本身并没有好坏的性质区分,斗争只是一种方式、一种手段、一种形态与一种过程。斗争的动机、出发点与结果才有性质差别。

既然在工作中必然会接触到斗争,也必然要参与斗争,那么就有必要了解斗争的基本方法、技巧、形态与过程,进而初步地"会斗争"。

讲斗争之前,先要明确三个概念。

第一,斗争不是泄私愤。因为斗争应是一种理性的博弈,而非基于感性应激的打斗。

第二,斗争不是目的。因为斗争只是过程与手段,获利才是目的。

第三,斗争是生意。要用做生意的态度,从生意的角度权衡、揣度、谋划、出击与妥协,用做生意的方式来量化斗争效果,更好地选择斗争的手段与方式。

斗争的基本流程与方法可以总结为十个"点"。

1. 占据制高点。就是师出有名。简单地说，就是为什么斗？一定要有一个堂堂正正的理由，比如为维护公众利益、为维护组织荣誉、为维护制度公义、为维护公平秩序等。即使斗争的对象是个人，也必须落脚到上述的理由，这样才能赢得组织的认可，取得公众的支持，团结最广泛的力量，动员最潜在的资源。落脚点千万不能是为了自己的私利，这是很容易失败的。

2. 广布信息点。就跟打仗一样，需要知己知彼。在取得广泛支持的基础上，要建立一个全面、高效的信息网络，要涵盖斗争涉及的大多数部门，即要在各个领域设置信息点，这样可以广泛地收集各方面的信息与情报。掌握的信息越多、越全面，决策才能越科学、越合理、越有效率，也才能更加准确、及时地评估斗争的效果与进展。

3. 寻求共同点。单凭一己之力，力量必定有限，要寻找有共同利益诉求的人与组织，形成同盟，这样力量就大了。

4. 设置伪装点。在斗争之前，在采取行动之前要设计设置一些伪装的事件、场景意图、言论，麻痹对方，降低对方的警惕性。或者至少在斗争的前期让对方不够警醒或反应不过来，这样就可以在前期取得优势。

5. 构建防护点。有两个原则，一是先期做工作，把每个共同点都变成防护点，共进退，这样在斗争中可以进行掩护与支援。二是依靠制度、规则、社会通行规范的力量，要熟悉这些规范、遵守这些规范，这样就可以既利用这些规范来保护自己，又利用规范来实施进攻。

以上五点是谋划、筹备阶段。

6. 寻找薄弱点。进攻当然要从最薄弱的地方进行。通常斗争对象的弱点主要有两个：一是跟前面确定的制高点反向对应的点,通常是最薄弱的点;二是会引起组织以及大多数公众恐惧或者担心的点。抓住这样的点可以形成以强攻弱的态势。

7. 静待时机点。在斗争开始之前,一定要把局面维持得和正常状态一样,外松内紧,找准最佳时机,不要贸然出手。最佳时机一是等待对方出现疏忽、漏洞。二是主动调动对方、刺激对方,使对方盲动、轻动、擅动,以此创造机会。

8. 猛攻致命点。抓住一点连续攻击,不需要全面对抗,以免力量分散。要集中主要力量攻击致命一点,比如说违法行为,就攻这一点。

9. 评估利润点。每进行一步就要评估一下,已经投入多少成本,还须投入多少成本,以及可能获得多少利益,还将会获得多少利益。斗争要用做生意的方式去做,要考虑以下几种情况:一是有时停止行动,但以往行动的"惯性"还会继续产生收益;二是有时建立某种强大的威慑态势后,不斗也可以取得斗的结果,但是又无须再付出成本,这样是比较好的效果;三是取得多次斗争的胜利后,这种记录也可以成为一种资源与威慑,善加利用,可以"不战而屈人之兵",这当然是最佳效果了。

10. 思考妥协点。斗争是个生意,既然是生意就有妥协。斗争不是目的,目的是获得收益,因此只要收益得到了,就可以中止斗争,即便这个中止很难看、很不解气、很不被"观众们"认可,也要理性地中止,这样可以节省大量的时间成本、精神成本与物质成本。另外还须注意,在斗争中止后就要马上着手和斗争对手恢复建立良好的关系,因为每一种关系都可能产生利益。

后五点是实施、善后阶段。

应记住一个原则:手段没有性质区分,只要是为了好的目的、好的结果,手段可以多几种选择。

## 二、如何应对"欺负"

（一）什么是"欺负"

欺负容易和其他"心理性"及"实质性"受损相混淆，因此要先界定一下。但是这个问题很难清晰地界定，最好的定义办法是用排除法。

1. 批评不是"欺负"，领导、同事甚至下级部门对你的批评不是"欺负"。

2. 挫折不是"欺负"，挫折是做事受挫了、失手了、做错了，别人给你的惩罚，或者你自己损失了利益，这不是"欺负"。

3. 磨炼不是"欺负"，让你做一些比较初级的、体力性的、繁杂的劳动，那叫磨炼，磨炼你的心性与技能。

4. 打击不是"欺负"，打击是利益拼争中的正常互斗、天灾人祸、生意挫败等。

批评、挫折、磨炼与打击是年轻人取得成长与发展的必经历程，是有益的，不应排斥或避免。

排除了以上四种易与"欺负"相混淆的行为，还应该认识到：

1. "欺负"其实是一种正常现象。年轻人新到一个集体、组织里，会遇到有着各种各样心理、遭遇与诉求的人，欺负一个没有根底、没有支撑、没有阅历的年轻人是很正常的，也是经常发生的现象。

2. "欺负"其实是一种心理感受。"欺负"的一个重要特征是物质利益损失较少，但是心理感受比较强烈。而欺负人的人，实施这一行为的主要目的也不是获得物质利益，而主要是获得心理上的满足，比如成就感、优越感或掌控感等。

（二）什么人喜欢"欺负"人

1. 喜欢欺负人的人，肯定不是牛人。喜欢欺负人的人不会是一把手，因为一把手没有必要欺负你，掌控全局的满足感完全可以强势支撑他的心理。他也不是有希望成为一把手的人,因为希望成为一把手的人上升冲力很强,过几年就可能当一把手,因此他得一门心思扑在个人发展上,事业的成就是他最大的心理支撑;另外希望成为一把手的人很顾忌外部评价,因为要成为一把手,会有群众评议之类的活动,他很注意群众对他的反映,所以一定行事比较谨慎,不会欺负人,而会更多地去帮助人。

2. 喜欢欺负人的人,通常是被组织边缘化的人。因为欺负人得不到什么实质性的好处,更多是心理的满足。而意图通过欺负人这种另类途径来实现心理满足,说明这些人长期在主流途径中得不到心理满足,即长时间处于组织的边缘状态。常见的是入行几年但没有发展前途的年轻人和干了多年但未能掌握权力的中年人等。在组织、集体中没人把他们当回事,说话没人听,办事没人帮,长期郁闷,只能通过欺负新人来寻找"类成功人士"的感觉。

(三)应对"欺负"的策略

1. 可以"对着干"但要"巧妙干"。既然欺负人的人不是牛人而是边缘人物,也就是说,你受欺负时对着干,得罪的只会是边缘人,而你得罪边缘人,则会受到主流人的认可。因为边缘人虽然边缘,但却有一定的资历或者一定的关系,即使他们的存在让组织里的主流人很难受,甚至反感与厌恶。一个年轻人天不怕地不怕地去对抗边缘人,是主流人所喜闻乐见的。

对抗边缘人虽然可以得到主流人的认可,但是对抗的方式、方法却反映了你的层次和水平,更重要的是反映了一个新人对老人的态度。你刚到一个单位,让人欺负了,你就折腾来折腾去,以牙还牙,会让人觉得你这个新人对老人不尊重,会引起老人组团反击你,这样就会很被动。而且一个新人表现出不尊重老人会让主流的老人都感觉到威胁,效果也不好。

2. 主动"被欺负"但别"被唬住"。被欺负一般躲不过去,既然躲不过去,就主动被欺负,让它早点来、快点来,主动出击就可以更好地把握与掌控。新到一个单位要想站住脚,第一步要认清这个单位里的利益关系和人际关系的脉络。而年轻人通常缺乏判断的标准和经验,但是可以在"被欺负"里辨别出谁是边缘人物,那跟他不是一条线上的人很可能就是主流人物。

边缘人很可能打扮得衣帽光鲜,因为他无法打入主流队伍,就要靠外在的东西来支撑。会故意在你面前说一些听起来很牛的话。一般男性会吹嘘他认识某某牛人,有多少社会关系,经常去什么娱乐场所,其实这都是假的,试想真和某某牛人有关系他会混得这么差吗?社会关系广会跟一个刚进来的新人说吗?这些都是唬人的,千万不要被吓住,通常这样说的,肯定是没那些资源的人。一般女性则会说她和老板关系很好,也是吓唬你的,你想一个女性和老板的私人关系很好,她会到处说吗?所以你一判断就知道,这帮衣帽光鲜的人,装得跟真的一样的,其实都是边缘人。

而真正有实力的人是不发言的,他就观察你,观察你这个年轻人上不上路。当被欺负时心理上最好的应对就是说一句"这就是传说中的被欺负啊",就行了,也够狠了。

(四)如何不被"欺负"

1. 特别能折腾。这里的折腾不是常说的贬义的胡折腾、乱折腾、瞎折腾,而是一种人基于生存需要的本能性的抗争、拼搏、进取,这是取得发展的前提与基础。任何一种发展都是对旧有规则和旧有框架的突破,你没有足够的能量去折腾,就突破不了框架,取得不了多大发展。因循守旧只能按部就班,跟在别人后面,难以取得自己的突破与发展。年轻人要经得起折腾,因为这时折腾的成本最低而收益最大。即使出错,经济、职位的损失都很低,但是任何一点儿折腾出来的经验,都可以用于你一生的发展,而且这种经验的取得,错过年轻这个时间段,成本就很高了。

2. 特别能琢磨。一方面琢磨自己,今天做了哪些事?接触了哪些人?说了哪些话?事做得怎么样?这些人都是什么样的心理特征与思维方式?做的事领导与同事评价怎样?天天琢磨,反复琢磨,不断总结,提高会很快。另一方面是琢磨外部,单位的发展沿革,领导的成长经历,业务的承办技巧,未来的发展趋向,以及组织文化、人际关系、岗位调整等,经常琢磨就会越来越敏锐、越来越机灵。

3. 特别不在乎。人主要在乎别人说自己三样:穷、笨、丑。但凡别人欺负你,你身上一定有一个欺负点存在。当你什么都不在乎的时候,你就没有欺负点了,别人就找不到你的漏洞了,他怎么去欺负你呢?你不在乎,欺负你的人就得不到心理满足,他就没兴趣欺负你了。

4. 特别懂规矩。这是琢磨出来的。规矩有"明"规矩,还有"潜"规矩。单位里有各种小圈子和各种小利益团体,这种潜在的利益联系就催生出了潜规矩。但是不要一味地去谴责潜规矩,因为这既是客观存在,也是客观需要,更是无法消除的。单纯谴责是没有任何益处的,应该做的是把握与运用。明规矩与潜规矩合起来就是规矩。

懂规矩不是单纯守规矩,懂规矩是为了利用规矩。但是首先要尊重规矩,借用一句话,存在的就是合理的,一个规矩的形成就是一个单位的发展历史,不尊重规矩就必然会被这个单位排斥。其次要遵守规矩,一开始没有能量、没有资源、没有资本,要依靠遵守规矩来保护自己,进行积累。最后要利用规矩,这是懂规矩的核心,当具备了一定条件与基础以后,就要利用规矩,使自己更快更好地发展。

5. 胆子特别大。胆子不大就探不出你自己的一条路来,被欺负的不就是胆小的吗?我欺负了你还没有成本,那么你不是招别人欺负、鼓励别人欺负你吗?所以你承受的欺负,相当一部分是你自己招惹的。

6. 做事特别狠。就是在处理公事、承办业务、完成任务上要有狠劲儿。比如要求一周的任务四天就完成,别人不愿意接的繁杂任务抢着干,一般超出正常范围10%,这个狠劲儿就出来了。狠劲具有辐射效应,会给别人一种心理冲撞,会使边缘人的心理企图与欲望受到遏制。而且这种工作姿态一出来,领导就会保护你。为什么呢?因为有这样工作态度的员工要是在单位受打击,那么整个单位的风气就坏了。所以一定要保持做事狠的精神头,给别人立一个样本。领导就算不是为你,为他自己也要保护你。而且只要领导一关注你、重视你,就没人敢欺负你了。

7. 人情特别熟。这当然得有点悟性了。人情主要是人际关系,要"熟",不是"俗",好多人把人情搞俗了。应该怎么把人情熟透呢?要把握住三点。

第一是关键人。关键人有两类,一类是领导,对领导和对普通人不能是一个路数,对领导和普通人一样,那么领导的地位往哪放啊?好多人得罪领导,自己觉得很无辜:"我没有冒犯领导,他怎么就对我看不上眼呢?"因为你把他和普通群众拉在一个平台上了,你不是在贬低他吗?另一类是舆论制造者,比如国有企业、政府部门里通常会有一些人,不太有事业心,也没有发展前途,但关系广泛,消息灵通,喜欢传播,这些人就是舆论制造者。可以通过他们制造舆论,但是你透露给他们的信息要让他们有足够的兴奋度到处去说,而且说的效果对你有利。

第二是寂寞点。每个人都是寂寞的,都有寂寞点。要想赢得一个人,把握一个人,首先得找到他的寂寞点,才能打动他,一下子就可以把关系拉得很近。当然,这需要长时间的观察,有意识地去找。

第三是多倾听。倾听是结交人、取得他人好感的最高效低成本的方法。但问题是现在很多人就喜欢自己说而不愿听别人说话,太自我了,结果搞不好关系。

8. 立场特别稳。端着谁的碗就要顾着谁的锅。看着谁碗里的肉多就跳到谁锅里,当然有点小好处了,但是你的信用就坏了,千万不能留下背叛的记录,以后谁都不敢用你。在立场稳的前提下,一定要有公心。你是为了一个组织做事,最大的收益来源于这个组织,所以一定要有公心使组织的利益最大化。当公和私起冲突的时候,以公为主,这是你站得住的基础。忘了公心,就会让自己涉险,得不偿失。

这八点总结一下,立场稳、做事狠,领导会认可、赏识你;人情熟、懂规矩,同事会信赖、支持你;胆子大、能折腾,可以创造与把握更多的机遇;不在乎、能琢磨,可以修炼、提高自己的"功力"。做到了这些,自然就没人会再"欺负"你了。

### 三、"被逼喝酒"怎么办

经常有年轻人问,在实习中或工作中,遇到应酬、交际的场面,经常会"被逼喝酒",应该怎么办?

这个问题其实包括两个方面:一是涉及利益的"被逼喝酒";二是不涉及利益的"被逼喝酒"。

涉及利益的"被逼喝酒"通常出现在谈生意的场合,尤其是在北方,经常会出现"喝多少酒做多少生意"的场面,这涉及你的利益得失,自然要由你自己根据对利益的判断来决定是否喝酒,因此这里不做讨论,自己酌情处理就行。

这里主要讨论不涉及利益的"被逼喝酒",即一般事务性的宴请、应酬、同事聚餐环境下的"被逼喝酒"。

先把"被逼喝酒"解析一下。

(一)为什么"你"会被逼喝酒

通常年轻人刚到一个单位,总想表现一下自己,给领导与同事留下一个好印象。正因为有了这样的"私心",才会被逼人喝酒者抓住及利用,而被逼喝酒。如果没有这个念头,不在乎酒桌上给人的印象,不接茬,是很难被逼喝酒的。

想表现一下自己是非常正常的,问题是酒桌上真的能表现自己吗?

(二)逼人喝酒的是些什么人

应酬场合涉及的人可以分为以下几类:一把手、有可能成为一把手的有实权的领导、无可能成为一把手的有实权的领导、闲职领导、主流资深同事(手中有较大权力,主管主要业务)、非主流资深同事(权力有限,管一些次要业务或闲差)及一般同事。

通常逼人喝酒的人主要是闲职领导、非主流资深同事,凑热闹、起哄的是一般同事。有时"无可能成为一把手的有实权的其他领导"与快要退休的一把手也会逼人喝酒,但程度不会很强烈。

而一把手、手中有实权且有发展前途及与一把手关系密切的人,很少逼人喝酒。

(三)为什么逼人喝酒

一是借机表现自己。有一把手在场,那些平时在工作中、业务上不得力,与一把手距离较远、关系不近的人,想借机表现自己、突出自己，以引起一把手的注意，但是缺乏合理有效的渠道，因此就会找出各种借口，借逼年轻人喝酒，尤其是让其给一把手敬酒来活跃气氛，以吸引一把手注意自己。

二是寻找心理支撑。逼人喝酒的人通常长期处于组织边缘，不受重视，前途渺茫，缺乏成就感，心怀怨气，因此心理上相对弱势。当有一把手在场时，他们会借题发挥，用逼人喝酒来搅局，以发泄心中对一把手的不满情绪；在没有一把手的场合，可以用逼年轻人喝酒，甚至"整"年轻人的手段来实现在工作中实现不了的成就感、满足感。而年轻人通常缺乏反制手段，因此他们这样做既得到了心理满足又没有什么风险。而他们是肯定不敢逼"实权人物"喝酒的。

（四）被逼喝酒时应该怎么办

在上述分析的基础上，先看看被逼喝酒时喝和不喝的可能结果。

1. 被逼时多喝酒很可能成坏事。由于逼人喝酒的都是些非实权人物（或没什么发展的实权人物）、边缘人物，这些人对年轻人发展关系不大，因此年轻人想通过顺从"被逼喝酒"以表现自己、留个好印象的意图基本实现不了，因为在这些人面前表现自己、留个好印象是没有什么实质性意义的。而且更为有害的是，这些人通常都是一把手平常"不待见"的，你为给他们表现、给他们留好印象而喝酒，不仅喝了白喝，甚至会给一把手与实权人物留下一个坏印象，因为讨好一把手的对立面可不就是在和一把手搞对立吗？即便一把手不会这样想，那最起码也会认为你不懂事、拎不清。

2. 被逼时不喝酒很可能成好事。既然逼人喝酒的人通常大都是边缘人，但是由于体制因素，又不能让他们走，因此一把手在心理上是乐于见到有人反制他们、抵制他们的，即使是在喝酒这样的既非正式又没有实际效果的场合，最起码可以解解气。因此被逼时不喝酒,甚至不给逼人喝酒的人面子,领导更会关注你,在情感上接受你。这样表现自己、留个好印象的意图才能够更好地实现。

3. 适度饮酒有利发展。了解了以上两点,就可以很好应对被逼喝酒了。原则是不难看、不得罪、不多喝。

不难看是说不能一点儿都不喝,这样会让气氛比较尴尬,场面比较难看,就连一把手也会觉得你不懂事。因此该喝的要喝,比如共同举杯、向领导与比自己资格老的同事敬酒,等等,做到礼不可失。

不得罪是说即使被逼时不喝酒,但话要说得委婉、好听,不喝酒的理由合理、正当。让逼人喝酒的人不失面子,不记恨你。因为他们虽然成事不足,但很可能坏事有余,这就划不来了。做到好话多说。

不多喝是说纵使逼人喝酒的人有千百种理由逼你,但是你坚决不多喝。这样形象就树立起来了,也能得到一把手与实权人物的关注与认可。几次应酬下来,也就不会再有人逼你喝酒了。

需要注意的是上面三点须同时进行,缺一个效果就不好了。

另外,如果缺乏足够的技巧运用上面的方法来应对逼人喝酒,那么坚决不喝也比被逼就喝效果好。同样是体制因素,你在喝酒时表现再差,也不会被整走的,何况逼人喝酒的人根本没有这样的本事。而你是年轻人,未来是你的,只要形象树立起来了,一把手不反对你,经过一段时间的积累,成长是迟早的事。

## 四、如何"送礼"

这里的"礼"是指礼尚往来之"礼品",作看望亲友、拜会师长、感念故旧、联络感情之用,而非用于请托公私事务、别有打算、另有意图之"礼"。

送礼是一门学问,会送礼的,花费不多,但是效果很好。不会送礼的,花费多但效果不好,有时甚至会起反效果。

总地来说,合适的礼物要符合五个属性。

一是"稀缺性"。物以稀为贵。所送的礼物对方没见过、没用过,甚至没听过,自然会引发更多的关注。

二是"趣味性"。就是投其所好。送对方喜欢或感兴趣的礼物,会使礼物的价值量放大。

三是"阐释性"。就是所送的礼物有个"说道",比如送老人的礼物能阐释出有利于长寿的意涵,送领导的礼物能阐释出有利于进一步发展的意涵,等等。

四是"影响性"。就是所送的礼物最好能够持续性地发挥作用,而不是一次性消耗掉了。

五是"安全性"。包括三层意思,首先所送的礼物不能触犯对方的忌讳;其次礼物的品质一定要过关,尤其不能因为包装简陋、接近保质期等原因引起对方的反感;最后礼物的价值不能过大,这样会使对方以为你另有所图而起疑心。这些都会大大降低送礼的效果。

有了具备上述五个属性的礼物,再加上得体的语言、诚挚的表情、恰当的时机,就可以取得很好的"送礼"效果了。

## 五、如何点菜

这里的点菜指的是正式宴会的点菜。点菜很重要,一样的钱,可以点出不同的菜,也会产生不同的效果。花一样的钱点出的菜,如果菜式没特色,主宾没印象,众人没感觉,那就是无效花钱。

点菜通常包括两部分:第一部分是点菜前的准备阶段;第二部分是具体的点菜阶段。

（一）准备阶段

这一阶段要做五件事，详见表6-1：

表6-1 点菜前的准备阶段要做的事

| 事件 | 内容 |
| :---: | :---: |
| 人 | 身份　地域　口味　爱好 |
| 事 | 迎往　会议　商务　聚会 |
| 定 | 规格　地点　时间　座次 |
| 境 | 表演　音乐　陈设　风景 |
| 候 | 茶水　果品　书报　衣架 |

1. 人。是指要明确宴请的主客，或者聚会的主宾的身份、籍贯、口味与爱好，根据这些特征，有针对性地点一至两道菜，甚至点菜的基调都以这些特征为主，以突出主客或主宾的重要性。

2. 事。是指要明确宴会的性质，主要包括四种，就是迎往、会议、商务、聚会。性质不同，点菜的方法自然也不相同，原则是迎往看惯例、会议看标准、商务看目的、聚会看出处。迎来送往，友好单位间的接待，都有惯例可循，不要贸然提高或降低档次，否则很可能会给自己与对方带来麻烦。举办会议之前都有承批与领导的批复，要按标准来，超出预算领导会不满意，过于节省参会人员会不满意。商务活动要根据自己的意图，即预期的收益与可能支付的成本来确定。聚会看出处，即由出钱方定，AA制自然要惠而不费，单位组织自然要好一些。

3. 定。点菜之前，一要定规格，即准备花多少钱，宴请什么层次的客人等。二要定地点，即在什么地方、什么饭店，既有交通远近的考虑，更有档次费用的计较。三要定时间，这就要顾及主客双方了,要协调一个两相宜的时间点。四要定座次,即安排座位,要根据包厢的位置、布局合理安排座次,以免到时忙乱照顾不周,更要避免座次不当伤人,那就很划不来了。

4. 境。主要是指就餐时的环境,包括要不要安排伴宴的乐器表演,西式的有钢琴、萨克斯、小提琴等,中式的有琵琶、古筝、扬琴等。简单一些的可以安排背景音乐。此外还要考虑包厢的陈设,主要指装修与家具的风格、陈设等,以及包厢外的风景,比如可以选择顶楼,面向风景的包厢,会有很好的效果。

5. 候。主要是指非主客之外的客人先到达后的安排,比如准备一些茶饮、干鲜果品、消遣的书报等,另外还要准备容易被忽视的衣架。

(二) 点菜阶段

点菜的基本原则有八条,详见表 6-2:

表 6-2 点菜的基本原则

| 事　件 | 内　　容 |
| --- | --- |
| 种 | 冷热汤甜主 |
| 味 | 咸鲜甜辣酸 |
| 色 | 红白绿黄黑 |
| 技 | 炒烧蒸炖烤 |
| 器 | 盘盆锅板怪 |
| 类 | 头头大二特 |
| 绝 | 刀料火味形 |
| 说 | 人意绝特奇 |

1. 种。指点菜的种类,流程上先是冷菜拼盘,以 10 人一桌计,通常有 10 个围盘,中间一个大拼。然后是热菜,以 15~20 道为宜。汤至少要有两道,此外还至少要有一道甜食和两样的主食。

2. 味。所点的菜肴在味道上至少要包括咸、鲜、甜、辣、酸五种,当然以咸、鲜为主。此外还可以视季节与人物另选苦、臭等味。

3. 色。所点的菜肴在色彩上至少要包括红、白、绿、黄、黑五种。红主要是指红烧的菜。白是指白汤菜,比如芙蓉鱼片等。绿是指绿叶菜。黄主要是指炸制的菜,呈金黄色。黑是指原料或成品呈黑色,比如乌鸡、发菜等。这样菜上齐后五颜六色,非常好看。

4. 技。是指在烹调技法上至少要包括炒、烧、蒸、炖、烤五种技法,通过这些技法制作的菜肴在口感上会非常丰富。

5. 器。是指盛菜肴的容器,在形式上要至少包括盘、盆、锅、板四种。其中锅是锅仔或火锅,板是铁板,另外还要有一些"怪"的容器,即具有独特设计的容器,比如用粉丝通过油炸来制作鸟巢,将西瓜掏空做容器等。

6. 类。是指所点菜肴要区分层次,即不能所点的菜档次都一样,那整体水平与效果就都不突出了。通常要把 40% 的钱放到头菜与头汤上,即最重要的菜与汤,这是点菜的核心,也是定调子的基础与依据。再用 30% 左右的钱安排四个大菜与两汤,再用 30% 的钱安排一些配菜、点缀菜与甜品和主食。另外还要有一两道能够体现地域特色的菜。

7. 绝。是指所点菜肴里得有一个叫好的、拿得出手、能体现这家饭店最高水平的菜,最好是客人没见过、没吃过的菜。一般来说,"绝"通常体现在五个方面:一是刀工好,比如煮干丝,一寸宽、半寸厚、寸半长的豆腐干要切出三百多根丝,根根细过绣花针。二是原料好,有机、原生态,不易吃得到。三是火候好,有的菜要花几天时间烹制,非常难得。四是味道好,比如能做出真正的鱼香味,而不是当前冠以鱼香味的酸甜味,也是一绝。五是形状好,比如中国传统菜"五子登科",鹅里面套鸭子,鸭子里面套鸡,鸡里面套鸽子,鸽子里面套鹌鹑,五种家禽套在一起,可谓登峰造极。

8. 说。吃到了什么,主要是钱的作用,但吃出了什么,则主要是人的作用,尤其是说的作用。说的内容主要包括五项,一是介绍哪些菜是特意为主宾或主客点的。二是有什么特殊意义,通常是些祝福身体健康、事业发达的话。三是这些菜里面哪一道是叫"绝"的菜,如何绝法。四是菜里面体现的地域文化与特色,可以意会一些体现自己热情、好客的内容进去。五是说一些传说故事、奇闻轶事,没人当真,但可以很好地活跃气氛,给人留下深刻的印象。

## 六、如何提高"交际能力"

从自身的角度看,人际交往能力差通常有以下十个表现:

1. 很少有人批评或告诫我。

2. 我没有亲密的朋友。

3. 我不太会注意区分认识的人、普通朋友与亲密朋友。

4. 我无法获得外界对我的真实评价。

5. 感到快乐时,即使和自己的亲密朋友,也不见得愿意和对方分享。

6. 当我在和陌生人讲话时,我觉得自己心跳急促,不敢直视对方。

7. 和普通朋友聊天时,我无法深入体会对方的心情和想法。

8. 当亲密朋友在跟我说心事时,我完全不知道该如何支持他(她)。

9. 在谈话中，我喜欢迎合对方而不顾自己的立场与观点。

10. 在谈话中，我喜欢恭维对方而不顾对方的实际状况。

这十个问题通常是互相联系、交织在一起的，也就是说如果你发现自己只具有其中一种表现，那很可能其他九种表现也是存在的，只是你忽视了或者认知上有一些偏差。

人际交往能力差的原因是过于自我，根源通常在于少儿时期的心理成长过程中家长干涉过多，被剥夺了在心理与思想方面与外部交流的趣味性、独立性与主动性。因为人际交往是他人无法替代只能由自己独立进行、主动实施的活动，充满乐趣性，主要体现为心理效应。

长期形成的思维与行为习惯自然不可能轻易地改变，也就决定了提高人际交往能力不是一朝一夕可以实现的，必然要有一个与以往习惯相反的较长期的坚持、训练、行动、思考的过程；而既然与以往习惯不同，那这个过程必然是别扭、不习惯、不适应甚至痛苦的。挺过这个过程的主要支撑不是所谓"恒心"或"毅力"，而是要看到这样做的巨大收益。人际交往能力对人的一生来说，可是一个一本万利的技能，成本很少，收益巨大。同时还要看到，只要有了改进，很快就会产生效益，这些新产生的效益也是一个重要的鼓舞与支撑。

提高人际交往能力可以从以下十点去做，这十个点是个递进的关系，即从第一点开始，慢慢做、慢慢看、慢慢改，进而做到第十点。

1. 每周看各个领域阅读量"10万+"的文章。"谈资"是交流的基础与前提，很多交际能力不强的人总是抱怨"没什么可说的"。最简单的方法就是每周至少看一个领域头部公众号的一篇"10万+"的文章，这些领域至少包括新闻、评论、军事、体育、财经、数码、汽车、房产、娱乐、音乐、天气、健康、旅游、文化、读书等。有这样的储备,不管遇到什么样的对象,都能聊上一阵子。

2. 主动往人多的地方去。例如各种聚会、公共活动等。如果你就是不愿意到人多的地方去,那么只能说你提高自己人际交往能力的决心还不够大,意愿还不强烈,建议具备更大的决心与更强烈的意愿后再看本书。

3. 去了不要提前走。很多人际交往能力不强的人,由于无法得到公众的关注,会用一些另类的方法来获得关注,而使自己成为焦点。比如不出席大多数人都会出席的集体活动,喜欢在小事上拒绝别人,故作冷漠、清高,在众人兴高采烈时突然提前退场,等等。表面上看,他当时得到了关注,仿佛提高了自己的身价,但从长远看,这是在逼着集体与他人远离他,是很不明智的思维与行为。

4. 认真地听风头最劲的人的讲话。一是学习对方是如何做到成为风头最劲的人,为自己人际交往能力的提高提供借鉴与参考;二是吸引对方的注意,因为风头最劲的人,通常也是"明白人",一定会基于自己的需要而赞扬、夸奖甚至奉承能够认真听自己发言的人。这样,初入交际场合就能得到风头最劲的人的关注与支持,会让更多的人认识你,也会大大提升你的自信心。

5. 喝一点儿酒精类的饮料。这样做的作用不言而喻,可以有效缓解紧张心理,让自己放松下来,话语与表情就更自然、更有亲和力。同时,喝酒这个动作或行为,也可以让其他人认同你是个好打交道的人。

6. 找最不起眼的异性朋友交流。万事开头难,所以要找一个最容易的开头。当然对方很可能也不善于交流,这样你就可以把第一点里准备的内容轮番说一遍,一开始当然会有些笨拙,但稍加练习就可以熟练运用了。

7. 与人交流时专心地听对方讲话。不管谈论的话题是什么，都要专心地听，而且要用点头、保持目光接触、提出自己疑问等方式告诉对方自己在专心地听。这一方面是尊重对方的一种礼貌，另一方面也是赢得对方的一种重要手段。

8. 具有同理心。同理心是指在人际交往过程中，能够体会他人的情绪和想法，理解他人的立场和感受，并站在他人的角度思考和处理问题。要做一个愿意并努力学习设身处地体会对方感受的人，要随时注意对方的感受、反应和心情，能够感受对方的感觉，尝试站在对方的立场去思考和感受，并能够采取各种不同的方式来支持对方。

9. 建立一种适宜自己的交流模式。遇到不同的场合与人物，在交流之前要先想三个问题，即应该怎么交流？还能怎么交流？对方可能有什么样的反应？一开始每次这样想是很麻烦的，但练习熟练后，再运用起来就很轻松了，而且重要的是建立模式后可以保证交流的效果。

10. 事后评估自己的表现。每次人际交往活动结束后，要积极回想发生过的事情并以此来评估自己的表现。评估的目的是为了改进与优化，一次次评估反馈，一次次改进优化，这样，你的人际交往能力很快就会得到很大的提高。

## 七、如何保守秘密

中国有句老话"天下没有不透风的墙"，形容保守个人秘密之难。在现实中，也确实存在自己以前做过的、在其他环境下做过的、一直处于"保守"状态中的秘密，却被当前环境的人所知道。

那么墙是如何透风的呢？主要有两种途径。

常见的、可以理解的一种途径是间接传递，即虽然自己不说，但当初做这件事时涉及的相关人员会向外说，听到的人再向外传。传来传去，即使你已经摆脱了以前做这件事时的生活环境，但除非是物理隔绝，否则通过间接传递，这件事的相关信息还是会传递到你现在的生活环境中，也就是说，被你现在所处环境中的人知道。

或许你会想，知道这件事的人都是你认为"可靠"的人，是不会"出卖"你的，而且你也一再要求他们保密，他们也答应给你保密，那么为什么还会传出去呢？

这涉及人的本性。因为要想保守的秘密通常不是"正常"的事，而"不正常"的事在正常情况下都会引起人们心理与情感上的兴奋，而这种兴奋只有通过与人交流、分享才能实现。那些你认为可靠的人当然是可靠的，因此他们不会把你的事告诉与你有利益冲突的人，或是在你所处的环境中传播。但是当他们处于一个自认为与你无关的环境中，遇到他们认为也是可靠的人的时候，就会把你的事拿出来交流与分享，以获得心理与情感上的兴奋。而听者由于与你无关，但是又掌握了一些可以使自己获得心理与情感兴奋的材料，加之没有保守隐秘的承诺，因此就会在自己所处的环境里与无论是否可靠的人去交流与分享，而那些听者就会更加无所顾忌地再去交流与分享，传来传去就很可能间接传递到你所处的环境里，为众人所了解。

另一种途径就比较难以理解了，即你一个人做的事，或者做这件事时相关的人都不存在了，而且你一直保守着这个秘密，但还是被现在环境里的人知道了。

首先是你长期掩饰的神情与举动在客观上起到了"刺激"其他人产生强烈窥探欲望的效果。而人的一种本性就是好奇，喜欢窥探他人的秘密，因此其他人就会围绕你的相关情况展开无尽的想象、揣测，并在一定范围内互相交流并论证这些想象与揣测的可能性。

其次，你所做的事都是"人做的事"，即大家无尽想象与揣测出的很多种可能性一定会涵盖你所做的事，也就是说你虽然只做了一件事，但是大家可以根据自己的经历、道听途说的故事、小说里的情节去想象与揣测出所有的可能性，而你所做的事必然会被包括在这所有的可能性里，即你所做的事"逃"不出大家的想象与揣测。

再次，你必然会对与你所做的事，或你意图掩饰的事相关的信息表现出强烈的敏感与反应。大家在无尽想象与揣测你的隐秘后并不会罢手，而是会用多种或直接或间接、或激烈或温和的方式，拿很多种想象与揣测对你进行试探，这也是人的本性。而你只会对某一种或某几种相关性强的试探表现出强烈反应，这其实就是一种筛选，使大家排除了很多不相关的想象与揣测，而聚焦到你反应强烈的某些可能性上，并进行进一步的想象与揣测，再次试探并观察你的反应，如此几轮下来，大家就可以确信你做了什么事或你试图掩饰的是什么事了。比如说你只做了一件事，但大家想象与揣测出了包括这件事在内的十件事，但是不能确定你到底做的是哪件事，就用含沙射影、旁敲侧击、指桑骂槐的方法试探你，而你通常只会对与你有关的某类事表现出强烈的敏感与反应，大家自然会通过你的眼神、表情、举止了解到这些信息，于是聚焦于这一方向再次进行无尽的想象与揣测，并再次试探。其结果是大家不仅知道你做了什么，而且知道得比你还详细、还深刻，这当然是演绎出来的，但是对你的影响与危害却更大。

概括地说，其中的逻辑就是你做了某些你认为需要保密的事，你对此进行了掩饰,你的掩饰让其他人产生了多种可能性的揣测并进行相互交流、试探,你对其中做过的某种可能性表现出敏感或强烈反应,经过多轮的试探、反应,与你做过的事相类同的信息被保留下来,其他则被排除,从而大家都知道了你做的事。

上述两种途径就是"墙"会"透风"的原理,知道了"墙"如何"透风",怎样才能做到"不透风"呢?

1. 原则上。一是做事之前要考虑长远,要从自己一生发展的角度考虑,不要做那些当下可以获益,但会让自己长期被动的、不宜为人知的、损人利己的、没有道义的事。二是已经做了怎么办,那就要多做好事,用好事来"稀释"坏事,这样一旦"东窗事发",也会有更多的资源、更大的力量来抵御与消除可能的风险,扭转局势。

2. 技术上。一是养成做完就忘掉的习惯。不要把什么事都记在心上,这样其实没有什么实际意义,你不当回事,这个事就不具备隐秘的特质了,也就不会引起其他人的强烈兴趣了。二是在神情与举止上不能表现出"掩饰"的痕迹。因为你自觉或不自觉地做出掩饰的神情与举止,会刺激他人窥探你到底想要掩饰什么。千万要记住,保守秘密的最佳方式不是"打死我也不说",而是让别人根本就没有兴趣知道。三是要"设计"出几个不相干的敏感点并做出反应。即不能让别人发现你对什么样的事情过于担心或敏感。当别人有了想象与揣测进而来试探你的时候,最佳的方式不是装作若无其事,因为这对没有经过专业表演训练的人来说是非常困难的,即使对专业演员来说也是很难装得像的。最佳的方式是"把水搅混",即设计与选定几种不相关的事情,但是表现出强烈的反应与敏感,这样就使对方无从判断了,因为你显然不会这些事全都干过。四是要多说一些自己的"鸡毛蒜皮"的事,以消减与抑制别人窥探的欲望与积极性。"藏着掖着"的方式会刺激他人的好奇心,因此要反其道行之,把95%无关紧要、鸡毛蒜皮、无关痛痒、不涉及核心秘密的事主动、广泛、经常性地说出去,"广而告之",甚至"强迫"别人听,这就会在心理上消减与抑制他人对你的好奇心。这样,你的5%的核心秘密,就基本不会被人知道了。

3. 策略上。可以借鉴美国政客参加选举的做法。美国政客在参加政治选举时,身家底细往往会被媒体与竞争对手挖得一清二楚,这时就会有两种相对应的包装策略:一种是有把握对方挖不出什么劣迹丑闻,政客会采取"神父"策略,即以道德标杆的面目出现,既可以以自身的高超道德来吸引选票,又可以在道德上攻击竞选对手。另一种是没把握或知道肯定会被挖出劣迹丑闻来,政客就会采取"花花公子"策略,即在竞选之前就通过各种媒体抛出自己的"不堪"历史,并做出当初"年少无知"其后"奋发图强"等合理解释,以塑造一个成功励志的形象。这样,媒体与对手再挖出劣迹丑闻就无从发力了。最典型的例子是美国前总统奥巴马。他在1994年出版的自传《源自父亲的梦想》中写道,"我在十几岁的时候是个瘾君子……在恣意放纵中度过了少年时代。经常逃学,游荡在夏威夷海滩和印尼的街头,尝试用大麻和酒精麻醉自己",但其原因是"当时,我与任何一个绝望的黑人青年一样,不知道生命的意义何在"以及"深深困惑于自己的身份","烟酒、大麻……我希望这些东西能够驱散困扰我的那些问题,把那些过于锋利的记忆磨到模糊。我发现我了解两个世界,却不属于其中任何一个"。但这段"街头混混"的生活并没有持续多长时间,其后他进入哥伦比亚大学学习国际关系。大学毕业后,奥巴马到芝加哥的一个穷人社区做起了社区工作者,年薪只有1.3万美元。但是三年社区工作者的经历让奥巴马下定决心从事公共事业,为下层民众争取权益。正是在这种信念的驱使下,奥巴马投身政界为民众服务。这是一个非常好的例子,可以从中得到很多启发。

## 八、什么是可靠

可靠通常是老板或者上级对下属的第一要求或核心要求。端谁的碗砸谁的锅,是最让人反感的事了。但反过来想,既然老板与上级这么重视可靠,也就说明可靠是一种取得更快更好发展的重要手段。

"可靠"是什么?字面理解是"可以依靠",那么依靠什么?依靠的是品质与技能,两者都要具备。有品质没技能,做不成事,无法依靠;有技能没品质,可能会坏事,也无法依靠。所以可靠应是具备可以依靠的品质与技能,可靠的人则是指具备可以依靠的品质与技能的人。

研究"可靠",先要明白什么是不可靠,核心是什么样的人不可靠。

(一)什么人不可靠

1. 老实者不可靠。为什么老实人不可靠?老实人之所以老实,就是因为思维与行为的规范性强、模式化强、制约性强。具有这种思维特征的人一来往往会怕事,不敢担责任。一个企业或单位,要想开拓进取是必然会"出事"的,而出了事挺不住就会给全局带来不利影响。二来经不起折腾,对"变化""复杂""反常"的耐受力差。而创新的或快速发展的老板、领导及其事业,是必然会"变化""复杂""反常"的。因此老实人可以信任,但不可以依靠。

2. 逢迎者不可靠。见人就说好话,没有自己的立场,对人不对事,是极不可靠的。小说《白鹿原》里的老地主雇长工的时候发现长工一味逢迎,就很反感,所以先要让长工对他"不敬":第一,你骂我,而且越难听越好;第二,你打我耳光;第三,你尿到我头上。为什么呢?因为老地主要的是长工给他"做事",而不是说好话,长工想通过说好话而不做事来获得好处,那老地主就亏大了,所以要先戒了长工这种非分的逢迎想法。

3. 散漫者不可靠。散漫的人,吊儿郎当,不守规矩,容易出状况。比如《三国演义》里的马谡,诸葛亮让马谡按照他说的去做就行了,结果马谡不听,失了街亭。散漫者出状况,既易给领导和组织带来事业上的损失,也易给自己带来灾祸。

排除了不可靠的,还有一种情况是"准"可靠的,或者说不是完全可靠,但在某些情况下做某些事的时候是"可以"可靠的。

(二)什么人"准"可靠

1. 逐利者可以可靠。逐利的人,眼里盯着钱,只做赚钱的事,一般不胡作非为,所以其思维与行为可以用利益来诱导与控制,因此在做某件事情时,是可以"可靠"的。而不逐利的人,价值标准会非利益化,很可能到生意攸关的时候,他会想这样做违反原则吗,是不是有些太没良心了,对方是不是太可怜了……这样就很可能脱离做生意的轨道去干其他事情了,关键时出变故,会把一起做事、做生意的一干人马都打进去。所以逐利者虽然不是可靠的人,但他在做某件事的时候是可以"可靠"的。

2. 自私者可以可靠。与逐利者相类似,自私的人关注的是自己的利益,因此通常不妄为,不异想天开,他只要满足自己的利益就行了,不胡折腾。这样就可以用私利来诱导与控制他的思维与行为,因此自私的人虽然不是可靠的人,但他在做某件事的时候是可以"可靠"的。

3. 无能者可以可靠。无能的人没有更多的能力去做其他事情，或者说没有能力去做"坏事"或把事情"做坏"，因此对于一些基础性的、不需要智慧或没有技术含量的工作，无能者是可以"可靠"的。

排除了不可靠，介绍了可以可靠，那什么是正直的可靠与可靠的人呢？其通常具有下面六个特征。

（三）可靠的特征

1. 不二心。谁都怕出叛徒，因此不二心是可靠的第一要求。端谁的碗就看着谁的锅，跟人就跟到底，是不二心。但不二心不是"没二心"，因为没二心是一种暂时状态，以后情况变了就可能有二心，而不二心则是做人、做事的准则，是一种长期状态。

2. 有担当。不推卸责任，有错误敢自己承担。出个事情，你比领导跑得都快，肯定不可靠。因此下属要勇于承担责任，而且这样做对下属来说损失小收益大。比如一样的责任，你承担了，你的直接上司就可以运作，大事化小，小事化了。你替上司承担了责任，上司自然会有感激之下的回报。而你推脱责任，事情直接落到你上司的头上，他要直接面对承担责任的风险，这时保护自己是第一选择，而成本最低收效最好的办法就是把责任往下属头上推，也就是找替罪羊。这样的结果往往是推脱责任的最后背了黑锅，而承担责任的最后非但没有责任，而且会有额外的好处。所以，要敢于担当。

3. 无瓜葛。无瓜葛不是没有利益的冲突，而是你自己的关系、人脉、历史不会让你的领导顾忌与担忧。因为可靠的人都会办一些"特殊"的事，而领导是不愿意这些信息被外界知道的。如果你有瓜葛，可能就得不到办这些事的机会了。因此千万不能老是跟人说"我有什么背景"之类的话，非但没有好的效果，而且会让大家处处防着你。

4. 有缺点。没缺点的人是不可靠的,因为领导总觉得你不真实,不真实就不易把握,不易把握自然也就不会信任。因此不仅要有缺点,而且还要主动表现自己的缺点,这样才能尽快取得老同事与领导的信任。好多人喜欢用"装"来体现自己很优秀、没缺点,其实这是很低级的。因为"装"是自己唬自己,但凡有一点阅历的人一眼就看穿了。

5. 守法纪。不守法的人即便办事能力很强,但会给领导与组织带来巨大的潜在风险,就是说很可能会把好事办坏,自然也就不可靠了。

6. 能办事。办不了事,有什么用?既然没用,可靠又有什么意义?

## 九、如何与领导相处

与领导相处的重要性大家都知道,也都想做好,但真能做到位的人并不多。通常来说,与领导相处有五大原则。

(一) 不俗不媚,有公心有私谊

俗就是别人怎么对领导,你也怎么对领导,没有区别,领导自然不会关注你。

媚是一味说巴结话、奉承话、恭维话而不涉及正事、公事,没有自己的主见、建议与观点。这对没前途的领导或许有用,而对有抱负的领导,因为你不能给他带来实质性的好处,甚至会因为接近"献媚小人"而影响领导的形象,自然不会把你放在眼里,甚至会疏远你。另外还有一种情况,就是不顾工作需要而刻意疏远领导装"清高",这是俗与媚的另一种表现。

合理的模式是在思想上要真正从工作角度出发,从领导负责的部门与集体业绩的角度出发,设身处地为领导着想。在形式上,当众实事求是地说领导的业绩,私下实事求是地说领导的不足,即有公心有私谊。

(二)不逼不怨,有体谅有谢忱

逼是指当遇到工作上的难题、生活中的困难、发展中的挫折时,想借助领导的力量与资源解决,但是只想自己的难处,不体谅领导的难处,几次三番找领导陈情,甚至变相逼迫领导为自己办事。这种做法虽然有可能加速问题的解决,但一定会引起领导极大的反感,所有的领导都喜欢掌握主动,而你的逼迫会让领导产生强烈的被动感,会彻底否定你这个人。这种情况一般"只此一回,下不为例",因为它会断送你与领导长期建立起来的良好关系。

怨是指当领导同意给你帮忙,甚至在你找他之前就主动表示愿意帮忙,但是最后办事的效果不佳,没有达到你的目的。你会认为这是领导没有出全力、不看重你,进而对领导有怨气、心怀不满。其实不管办什么事都会受到各种各样的制约,会遇到各种各样的意外情况,办得不尽如人意是常有的事。因此与结果相比,更应该看到领导主动给你帮忙的情分。退一步讲,即便领导没有出全力,你因此就记恨领导,这样不仅于事无补,还会使情况恶化。

合理的模式是要让领导掌握主动权,自由决定帮不帮你,不要去逼领导。因为领导通常是了解下属需求的,帮不帮,是其根据环境、条件、事情及自身利害等相关因素决定的。能帮的不逼也会帮,因为这会让下属感恩报效;不能帮的你逼也不会帮,因为领导有自己的盘算。即使在你的逼迫下,碍于情面帮了,但效果会比较恶劣,甚至逼人一次就断了一条路。因此应顺其自然,至多让领导了解到自己的需求,领导帮了,不管效果如何都要真心感谢,领导不帮,要多体谅领导的难处,不自断后路,即有体谅有谢忱。

（三）不躲不藏，有担当有不足

躲是指工作中遇到失误、问题时躲避责任、推卸责任，预期某项任务、项目、业务有风险或收益不高时，找各种借口推给他人。下属不愿意干的事，往往也是让领导头疼、棘手的事，因为这种事好处少、风险大，分给谁谁都不愿意干。可是反过来想，主动干那些让领导头疼的事，往往可以引起领导更多的关注，甚至感激，而在以后获得更多收益。另外，躲一般是躲不过的，因为权力在领导手中，硬性指派给你做，你也得做，但是与主动去做效果就完全两样了。

藏是指在工作与生活中，总是试图掩盖自己的缺点，不管能力大小、业绩好坏，给人的印象总是不真实。不真实自然不可靠，不可靠领导自然不敢用、不想用、不会用，在个人发展方面就少了很多机会。

合理的模式是主动承担责任，主动承担挑战性的任务，让领导对你心怀感激，让领导的个人事业发展及其领导的整个集体与部门都离不开你。把缺点主动地暴露出去，这样不仅人品可靠，而且可以让领导更了解你，更放心你，更敢用你，即有担当有不足。

（四）不松不紧，有形象有机警

松是指敬业精神不够，缺乏工作状态，对本职工作与业务不够专注，注意力不够集中，对领导的工作性指示领会不够深入，而过于关注领导的个人需求。这样的坏处是你的业务能力与水平总是难以提高，做不出业绩来，缺少安身立命的资本，在单位的个人形象会很差，同时也让领导无法尊重你。这样总是得不到大的发展，而且领导一换，个人发展就会非常被动。

紧是指外在表现过于紧张，总是局限在细节上，不能全盘理解领导的思路,对领导的"照顾"总是陷于形式化、表面化,踏不到"点子"上。这样的坏处是很难"切"到领导的核心圈子里去,只能办一些小事,得一些小好处,很难得到重用与提拔。合理的模式是以工作为重,尽快提高自己的业务能力与工作水平,树立良好的形象,不仅得到领导的认可,更要得到领导的尊重。要淡化对领导的"巴结"与"讨好",尤其是在公众场合对领导点头哈腰,说一些奉承的话,而把主要精力放在体会领导的核心意图上,放在完成领导最为关切的核心任务上,放在提醒领导注意潜在的风险上。要知道,真正与领导关系近的人,是不会在公开场合表现与领导的"亲近"的,因为这样会给自己和领导都带来不必要的麻烦,即有形象有机警。

(五)不过不妄,有分寸有规矩

过是指做事过头。在工作上,花五分力气可以做好的事情,非要花七分力气。而付出多自然要求回报多,付出了七分就想要有七分的回报,而你实际上只做了五分的事情,领导给你七分的回报就会很为难,给你七分回报吧,不值当,不给吧,又要保护你的积极性,时间一长只好让你少做事了。此外在照顾领导上也是这个道理,过于照顾领导,也会让领导有不好给你回报的顾虑,时间一长,也就不好让你再照顾了。

妄是指做事胡来。有时想着是给领导做事,就不太顾及外部影响,过分运用公家资源去给领导办私事,这样,事虽然办了,但是给领导带来很多负面影响,领导自然会认为你不会办事,时间一长也就不会让你再给他办个人的事了,这样与领导的关系就会越来越远了。

合理的模式是该怎么办就怎么办,千万不要存着表功卖好的小心思,恰当、适度地处理好公务。同时公私要分开,尽量用自己的私人资源与关系为领导办事,非用公家资源不可的时候,也要尽量少用,够用就行,同时要不显山不露水、不留后患、不惹麻烦,即有分寸、有规矩。

## 十、要善于且主动让对方有"借口"

找人办事,总会想着如何把事办成。因此会广泛运用造悲情、编故事、夸大后果与危害等方法"逼迫"对方"就范",给你帮忙,把事办成;而很少真正设身处地地考虑对方的难处、事情本身的困难,以及给你办了这件事以后可能产生的潜在的负面影响。

这样会产生两方面的问题,一方面是逼,一方面是难,而主动权又掌握在"难"的一方。因此除了顺水推舟、举手之劳的事,"难"的一方必然要采取一些"决绝"的理由与态度来"堵住"另一方的"逼",使自己"不难"。而另一方抱着侥幸,又会一再地"逼",这一方又一再地"堵",其结果很可能是事没办成,却伤了面子、断了关系,以后这条线就再也办不成事了。

这就得不偿失了。

因此在求人帮忙时,在开口之前,要先想到别人可能是不想办或办不了却不好回绝,这时话里就要留有"后门",让对方在情急之下可以找到一个堂皇但不伤情面的借口,这样,事虽没办成,但路没有断。如果贸然出口,对方断然回绝,则非但事没办成,还伤了情面,以后就不好再来往了。

有的时候虽然这件事办不成,但你体谅人、理解人、不难为人,会让对方感动,甚至有些内疚,以后很可能会主动给你提供机会或帮助。

## 第4节　理性思维与思维模型

### 一、理性思维

理性思维包括两种意识与两种分析。

(一) 两种意识

1. 建立货币价值意识,即首先用货币价值来衡量、分析、判断事物的思维意识。因为绝大多数问题的最后解决都是以货币形式实现的。其次才考虑其他方面的影响。

2. 建立结果责任意识,即要考虑行为的后果是什么。不仅要考虑行为的直接结果,还要考虑这种直接结果产生的效果和影响,以及受到的评价是什么。

(二) 两种分析

1. 成本收益分析。在行为实施之前要对行为进行成本收益分析,成本是指全成本,包括时间成本、资金成本、机会成本、心理成本、社会成本(荣誉、声望)等;收益也是指全收益,包括资金收益、实物性收益、心理收益、社会收益。此外还要对行为的外部性产生的成本与收益进行分析。

2. 动态系统分析。首先考虑要实施的行为涉及哪些利益方,对其利益可能的影响是什么,相应的这些利益方的态度是什么,涉及利益方可能采取哪些措施来支持或抵制。其次是把这些利益方分为支持、反对、中立三个阵营,不断采取措施壮大支持阵营、巩固中立阵营及削弱反对阵营。再次是随时分析、判断自己的底线是什么,获利点、妥协点可能出现在哪里,何时止损、止盈以获得最高的收益率,等等。

## 二、思维模型

建立"思维模型"的用意就是以后遇到类似问题、情况、突发事件时用"模型"去应对,而不是"现想"。因为模型是经过你不断吸收借鉴、总结提高与优化改进的,因此可以更大程度保证你做出的反应更符合你的根本目标及最终目标,且获得最大可能的收益。

思维模型就是把以往应对事件的思维过程进行分类、归纳、总结、提炼,然后参照、借鉴,结合社会与历史中的最优化信息,建立思维模型,并在以后的应用中进行实时、动态的反馈、优化与更新。将以往应激、感性、被动的思维反应模式优化为理性、结构化、功能化、模式化、主动的思维反应模式。建立思维模型的优势是以后遇到事件,不是直观、感性地直接反应与应对,而是调用思维模型,对事件进行既顾及全面信息又抓住重点因素的分析与判断,进而采用模型库中最适宜、最有效率、最优化的策略应对,以取得最大的收益。而非模式化思维则具有很大的随机性、被动性,不能保证每次的处理、应对策略都能产生最大的收益。

因此,思维模型一是具有效率性,反应时间快;二是具有效益性,能够保证最佳收益。类似于数学模型,只要代入各项参数就可以得出结果,而不需要每次都进行推导。同时,模型结构经过实时、动态地优化与修正，能够产生最佳收益。

思维模型包括逐步递进的四个层次：

第一层次：建立理性思维。

第二层次：在做出每一个决策与行动之前都要通过理性思维进行分析，并形成思维定式。

第三层次：对一定数量的同类事物的每个理性思维分析过程和实际效果进行筛选、归纳、总结、提炼，并建立一种类似于数学模型的思维模型。其作用是以后再遇到该类事物，不必再经过利弊分析的过程，只要将该类事物的参数输入思维模型，即可得出最优化、效率高且最符合自身利益的思维分析结果。其优点一是反应时间短。因为省略了利弊分析的过程，这在遇到突发事件时尤其有效。二是决策质量高且稳定。即使是同类事物，在外部表现上也会有很大差异，因此在对每一个事物进行的利弊分析中，存在着很大的随机性，此外在外部环境的干扰下，容易忽视一些重要因素，使分析结果受到很大影响。而相对固化的思维模型则能有效避免上述情况，保证了分析结果的质量及稳定性。

第四层次：随着思维模型在实践中的不断应用，处理同类事物的数量不断增加，不断总结实践效果，不断优化与改进思维模型，并再次应用于实践。

# 第5节　快乐工作的三个要素

## 一、正常、健康、快乐的异性交往

正常、健康、快乐的异性交往包含四个意思：

一是这是人的本能或者说本性，只有本能或本性不受压抑并得到实现，人才可能是快乐的。

二是从理论上讲，人在工作与生活中遇到的人大约一半是异性，具备良好的异性交往能力，可以营造更和谐的生活与工作环境，得到充分的外部关注，获得更多的外部资源与支持。

三是"男女搭配干活不累"，工作中良好的异性同事关系，可以提高工作效率，获得更好的工作体验与感受，降低工作压力。

四是对恋爱与婚姻的一个良好、有益的补充。良好的异性交往，可以舒缓压力使心态更平和、更宽容，让生活更加有乐趣，这些可以更好地淡化恋爱与婚姻中的矛盾，利于保持积极的心态与吸引力，对情感形成有力的支撑。

## 二、从工作中找到乐趣的能力

常说干一行爱一行，这还不够，还要干一行乐一行。乐一行不取决于这一行是不是可乐,而是取决于你从工作中发现快乐的能力。这种从工作中找乐的能力是必须具备的。因为人在进入社会开始工作以后,其实每天与工作打交道的时间最长,如果具备从工作中发现快乐的能力,那生活才可能快乐起来。

从工作中找到快乐,有四个方向:工作之余、工作之便、工作之中、工作之上。

(一)工作之余

一是在工作往返的路上,可以观察分析周围各色人等,看看市景街容、社会百态,琢磨琢磨事情。有颗好奇与胡思乱想的心,会让这段时间充满乐趣。二是工作之后的舒缓,不必每天,但要经常组织投缘的同事聚会,看看电影、展览、戏剧、散步,甚至助人为乐等,要有丰富的形式。

(二)工作之便

工作之便就是利用工作的条件为自己谋些福利。当然不是拿公家或单位的好处,而是每个工作岗位都有一些便利条件,在不影响工作的情况下,稍加利用,或得实惠,或得乐趣,或得交往,都可以调节工作心态,使工作本身产生更大的乐趣与吸引力。

(三)工作之中

工作之中就是业务能力要出色,要有本事、手艺、绝活,把工作做出色,这样既可以得到职业上的发展,又可以获得上级赏识、同事尊重,得到大量的外部关注,对心态是极为积极有益的。

(四)工作之上

工作之上就是要使工作具有某种超出一般性的意义,或者说要有追求,要把工作与社会需求结合起来,类似"为人民服务",这会产生很强烈的精神能量与精神享受。比如当老师,教学上课是本职,而"能让学生将来好"就是超出一般性的某种意义,可以为本职工作提供方向,打开空间与思路;而真的做到"能让学生将来好"也是一种精神享受。

## 三、手工匠人的品质

手工匠人有四大品质:

(一)提供解决方案

不管修车、修鞋还是修表,不能只修特定的问题,而是只要主顾拿来了东西,不管是什么问题,都要修,还得修好,这就是提供解决方案。工作上的事也是这样,常规的业务无须费脑子,把精力放在为不常规、突发性的问题提供解决方案上,往往可以带来更高的工作效率与更大的工作收益。

解决方案的思路主要来源于三个方面,一是前人是怎么解决的,二是同业是怎么解决的,三是专家与相关领域有什么新的借鉴。这是基础,然后再根据具体的问题进行改造、创新,拿出自己的解决方案。另外还要常琢磨,俗话说"不怕贼偷,就怕贼惦记",常琢磨还有一个好处,就是可以把空闲时间利用起来做点正事,既避免了空想纠结,又可以得到能力提高与实质收益。

(二)"及事行乐"

"及事行乐"不是及时行乐,而是每做完一个活、一件事、一项业务,要找机会乐一乐,放松放松,可以避免压力的累积,即时调整心态,可以有更充分的精力投入下一项工作。小时候住大杂院,把门头一家的大叔是卖肉的,每天辛苦完了,搬个小凳子放门口,摆上一盘猪头肉、一盘花生米,喝点儿小酒,一边和来往的邻居说着闲话,很乐呵。

(三)多劳多得的觉悟

修车、修鞋或是修表的人,不管再忙,不管忙到什么时候,都不会抱怨,反而更高兴更兴奋,因为这说明他生意好、收入多。其他工作也是这样,任何一项收益或提升,基础都是工作实绩,有了一个多劳多得的心思,工作虽忙但不会觉得累,因为有收益在前头。而如果觉得再忙都没前途、没好处,那主要是没找到对的路子,或者这个忙的方向不对,常见的问题是忙的方向与老板需要的方向不符,那就是白干活了。而手工匠人忙的方向一定是客户的需求,就不会白忙。

(四)"输赢赔赚都是正常的"的心态

还是举修车、修鞋、修表的例子,生意好了不必说,生意不好的时候,比如一整天没有主顾上门,也不会纠结、失落、惆怅,因为这是正常的,哪有一年365天生意都好的呢?甚至一直生意不好,关门歇业了,也不会绝望,大不了再找营生从头再来。有了这个心态,就会看淡生活与工作中的一些挫折——只要人在,什么都好办。

# 第 7 章
# 习练心理

## 第1节 心理学与心理问题

当前的心理学较难解决年轻人普遍存在的心理问题,这主要有两个原因:

第一个原因是心理问题与心理学对应的逻辑不同。

心理问题产生的原因主要有两个:一是社会性的原因,比如社会迅速发展造成的生活环境改变、家庭结构与关系改变、财富状态改变,以及地域迁移等因素导致的心理问题;二是个人性的原因,比如在个人生活经历中因某些特异性事件引起的心理问题。

中国当前的心理学基本是西方的引入品。而西方国家在100多年前已经完成了由资产阶级革命引发的社会转型,社会状态整体规范、秩序,因此心理问题产生的主要原因不是社会发展与转型导致的,更多是个人的生活经历与特异性事件。由此相应产生与发展的心理学也就具有明显的"个人性"特质。

而中国当前正处于快速的社会发展与成熟过程中,社会形态、社会秩序以及人的精神思想心理形态也处于快速转变的过程之中,人更多地受到社会变化的影响,绝大多数人在这种社会形态的变化中相对处于弱势,会感到压力、焦虑与无助,因此当前心理问题主要由社会转型带来的各种变化产生,心理问题的特征具有明显的"社会性"。

故此,由西方引入的具有"个人性"特质的心理学无法应对当前具有"社会性"特质的心理问题。

第二个原因是道德观念对人的心理制约作用不同。

中国传统的道德观念与价值观受到了新的社会环境、社会文化与经济价值的强烈冲击,但新的与之相符合的道德体系与价值观念尚未形成与成熟,旧的观念与新的形势的矛盾对当前人的心理状态产生了巨大的、难以协调的影响,催生或强化了心理问题。

而西方国家尤其是发达国家,早已形成了成熟、完善的社会道德体系与思想价值观念,在道德与价值观方面对人的心理的冲突问题不明显,其心理学对道德与价值观的阐释作用也涉及不多。因此引入国外的心理学对当前的"观念冲突性"心理问题的效果不大。

这两个原因决定了当前中国的心理学无法解决当前中国的心理问题。

比如,这些年的观察发现,如果女生有个小 4 岁以上的弟弟,其身上通常会出现这些现象:

1. 心理与情绪不够稳定,易焦虑,看待问题偏悲观;

2. 在感情方面很被动,很难主动去接近男生。被男生接近或追求,会不管对方是否合适,而是先"想方设法"摆脱,很难进入恋爱状态。大概率成为"剩女"。

3. 生活中缺乏乐趣,习惯于"以苦为乐"。

出现这些问题的原因:

1. 当弟弟出生时,由于父母会把之前全部放在姐姐身上的关注、情感与物质转移到弟弟身上,而 4 岁多的姐姐已经有足够的意识来感知这一切,这种弟弟出生前后的巨大落差,会在心理、思维与情感上产生极大的负面影响。

2. 中国父母通常会要求姐姐让着弟弟,会要求姐姐把零食、玩具、零花钱让给弟弟,此外还会要求姐姐承担一部分家务与照看弟弟的工作。这时姐姐已经 4 岁多,能够理解并接受父母的这一套说辞,但同时会对与弟弟争夺父母的关注、享受各种玩具与美食、表达不满这些人的本能形成严重禁锢!而使姐姐在长期过程中一步步丧失这些本能与欲望,而出现被动不敢竞争、不会享乐、不敢表达、因缺乏心理与情感支撑而有不安全感,等等,进而制约对异性的渴望和对爱情欢愉的追求。

3. 如果家庭中存在"重男轻女"思想,那这种负面影响会更严重。而这种思想是较普遍存在的。

而如果弟弟只比姐姐小 2 岁以下,那就是另一番景象。

这样的姐姐通常比较"凶悍"。这是因为弟弟出生时姐姐刚 2 岁左右,还没有什么意识去接受父母的误导,而主要是靠本能在与新出生的弟弟争夺父母的关注、食物、衣物及其他一切。这样就会强化姐姐的本能,不仅心性硬挺,而且手段丰富。其实,这才是人类社会的正常,也是人能成为正常人,具备正常的心理、思维与情感的重要甚至是唯一途径。

因此,要解决当前中国年轻人的心理问题,要循社会转型与心理问题的内在逻辑,从转变对社会的认知入手,重新解构与阐释道德、价值观念,实事求是地认知社会及其变化,以及处于社会变化之中的人。

## 第 2 节　心理问题的产生与应对

这里研究的仅仅是心理问题,不涉及心理障碍甚或心理疾病。

### 一、心理问题是怎么产生的

人是高级动物,高级是指人的社会属性,即马克思所言:"人的本质不是单个人所固有的抽象物,在其现实性上,它是一切社会关系的总和。"动物是指人具有的类同于动物的原始的本能性的自然属性,自然属性的两个突出的特征是性与逐利,通俗地讲,性欲是人的刚性需求,自私逐利是人的本性。

人生存于社会中,人类社会也可以概括为高级自然界,人类社会的属性体现为管理、控制人的活动的法则,也可看作人类社会运转与秩序的法则,包括两种,一种是人类社会特有的文明法则,或精神、道德规则,另一种是与自然界相类似的自然法则。自然法则两个突出的特征是天赋异禀与优胜劣汰,通俗地讲就是人生来就不平等,人类社会同样是物竞天择、适者生存的,同样要竞争,甚至弱肉强食。

人的高级性与动物性应该是一个相互影响、相互制约的有机整体,高级性建立在动物性基础之上,动物性又受高级性的制约。同时人在社会中生存,也必须正确认知并适应文明与自然这两种社会法则。但在现实中,人的这两种属性以及人对这两种法则的认知与适应存在一定程度的背离,这是正常的,也是合理的。

但是当人的这两种属性以及人对这两种法则认知的背离超出一定的界限,就会产生心理问题。

一是人的高级性与动物性出现背离,即因所受学校、家庭、社会教育,与个人经验形成的认知及人的原始本能出现较大程度的背离。比如,人的性本能是动物性的体现,但受到高级性的规范。如果高级性的规范超出了合理的限度,变成了禁锢与压抑,就会产生心理问题,如极度内向、社交恐惧等。再比如,逐利是人的动物性的体现,同样受到高级性的规范。如果高级性的规范程度严重弱化,就会产生心理问题,如极端忌妒、自私等。

二是人对人类社会的文明法则与自然法则的认知与适应出现背离,即对家庭、社会、学校传递的信息接收不全面而形成了片面的社会法则观念;或者认为社会是遵从文明法则的,这种观念会极度不适应社会的竞争与淘汰,从而产生心理问题;或者认为社会是遵从自然法则的,这种观念会形成庸俗化、低级化、简单化的社会认知,必然不适应在社会中生存,从而产生心理问题。

## 二、处理心理问题的方法

处理心理问题主要有三种方法。

对待一般性的心理问题,即存在心理问题,但不影响现实生活,处理方法是搁置,即不去处理它。因为大学生的心理特点是生活经历单纯,思维与行为领域狭小,知识结构单一,对人与社会及其相互关系的认知不全面,同时又心理多变。这时出现的一些由于认知冲突而引发的心理性矛盾,即使是很小的心理性矛盾,也会在思维领域中占据较大的空间比例,而在外在表现上显化成心理问题。等进入社会后,接收到全面的社会信息,认知水平得到极大提高,思维领域与行为领域得到极大拓展后,原来的心理问题在思维空间所占的比例会大大减少,甚至微不足道,因此就不会显现出心理问题,即心理问题会自愈。

对待中度的心理问题,即对现实生活已经有了一些影响,处理方法是稀释,即降低浓度、模糊边界。主要方法是广泛、大量、不限定范围地阅读书籍,尤其是阅读一些以前排斥的,或没有涉猎过的书籍。通过对历史、现实与理论的了解来拓展思维,丰富阅历,增强对人的本质、社会的本质及人与社会关系的理解能力与认知水平,提高心理承受能力,认识到此前认为是个"事"的事不再是个事,此前极其反感与排斥的事原来是人与社会的本质属性或常态,心理问题的"浓度"就大大降低了,问题的边界就模糊甚至消除了,不再影响现实生活了。然后再用第一种方法待其自愈,也就不成为心理问题了。

对待较严重的心理问题,即对现实生活已经有了比较大的影响,处理方法是重塑。即原有的思维模式与认知方式已经与心理问题高度结合,不能依靠现有的系统来处理心理问题,则要重塑思维的框架与认知系统。通常这种情况主要受家庭教育与成长环境的影响而产生。因此需要家庭、学校、同学与老师共同努力,断绝心理依赖、隔绝心理支撑,营造一个无人干涉、无人影响、无人误导的思想与精神环境,重新回到人的自然状态,即为生存而拼搏的状态,激发人的自然属性。然后用全面、真实、合理、可信的理论与方法重塑价值观、是非观与好恶观的框架,再填充进通过活动得到的对人与社会的正确认知。

### 三、当前处理心理问题的误区

当前处理大学生心理问题的最大误区就是去干预心理问题，而不是强大内心。其可能后果一是会从外部恶化心理问题，如前所述，不去触及心理问题，心理问题会随着大学生进入社会并拓展开思维空间后自愈，而如果去干预了，则心理问题占据的空间会在这种刺激下随着思维空间的拓展相应扩大，而保持比例不变，其结果是心理问题始终存在，无法消除。

二是会从内部恶化心理问题。即当前大学生对心理问题都比较敏感，不愿意谈及，更不愿意给老师与同学一个自己有心理问题的印象。当鼓足勇气去寻找心理辅导或咨询的时候，这个"鼓足勇气"的过程会极大地刺激心理，而使心理问题的边界固化与强化，使心理问题的浓度大大加强，这样即使以后思维空间大大拓展了，心理问题所占的空间比例减少了，但因为边界厚重、浓度大而仍然显化为心理问题。

### 四、如何提高心理素质

常有学生问：如何提高心理素质？

其实这个问题不好回答，可能回答了也没用。

因为问这个问题的学生大多心理素质不好。20岁左右的年纪，现在的心理素质不好，其实是20年积累的结果，怎么可能问个问题、听个答案就在一朝一夕改变呢？另外现在的"不好"也客观地说明你20年来都在自觉或者不自觉地排斥那些可以使你的心理素质变"好"的东西，或者说你现在恐怕并不具备采纳"好"的建议的认知基础。因此我空口白牙提出的建议即便是真的对你很好,你也理解不了、听不进去、不会认同,更不会照着去做。

所以,我建议在问这个问题之前,最好先反思自己 20 年的心路历程,而且要先研究讨论反思的方法与标准,即用什么去反思。因为如果还用你现在的思想观念去反思,是找不出问题所在的。你必须采用一种以往不接受的、现在也不具备的,但却是为"心理素质好"的人所具备的标准、观念、角度去反思,重点是家庭教育、生活环境与成长经历,找出原因,下定决心,制定对策,再去改变自己,才能有实际效果。但是既然学生问了,老师就不能置之不管。我们先看看"心理素质不好"是怎么回事?为什么"心理素质不好"很难"好"起来。

心理素质不好的核心其实是"自我"!

因为你很难找到一个热心助人、心系集体与公众利益而又"心理素质不好"的人。因为只要把心放到"外面",心"里"素质就不会差,而总是把心放到"里面",心"里"素质才可能不好。

但是,让人把心放到外面,却与"自我"有着根本性的冲突,而且还会产生强烈的不安全感。因此,多数人一对比两者利弊,会认为自私更重要而放弃心理素质的提高,因为自私的收益是当下就可以看到的,而心理素质的收益是"好"了以后才能见效的。这就是为什么心理素质不好的人总是不好,因为很难放弃自私,很难把心放到"外面"!其实市场经济条件下利他的方式远比利己的方式收益大,而且把心放到外面会大大提高你的"战略纵深",显然更安全。但是如前所述,心理素质不好的人 20 年来都在排斥这些道理,也没这样做过,所以才会心理素质不好,而通常人很难接受 20 年来都既不理解,又很排斥,更没做过的建议,这就导致了心理素质的继续不好。

因此反思要从"自我"开始。实现"自我"的路径主要有两条：一是"利己"，二是"利他"。在中国传统的思维习惯里，利益获得以"自己干"（自给自足的小农生产方式）为主，这时候在"自我"的领域里，多努力一些、多付出一些，可能就会多获得一些。但是现在的社会是高度协同的社会，不符合外部规范和标准的"自我"式付出，非但收获很少，甚至还会有大的损失。

所以反思的结果是要结合时代特征去认知"自我"和"利己"，把思维方式过渡到"利他"的获利模式上来，这是让心理素质"变好"的思想认知基础。

解决了思想问题，接下来就是技术层面的问题了。最有效的方法就是"发现别人"。

经常看到一些需要"发现自己"的优缺点或强调自我优化提升之类的心理方法，有些同学也受其影响而"发现自己"或"自我提升"。这些喜欢"发现自己"的学生，普遍比较脆弱、胆小、自我，从实际效果看也并没有真正从这种模式中获得心理状态的改善，甚至变得更加脆弱。

其中道理，一是"人不可能发现自己"。因为不管发现什么，都要在对象之外，才能全面地观察这个对象，才可能发现问题，并运用对象之外的方法进行改进，才可能有效果。因为对象之内的方法是自己已经具备的，既然存在问题，说明这种方法的效果是不显著的。类似"横看成岭侧成峰，远近高低各不同。不识庐山真面目，只缘身在此山中"，发现自己，通常只能发现自己的一个侧面，容易形成误导。

二是人在社会中生存所需要的一切生存资料都要从外部获得，"自给自足"的模式基本不存在。同样的时间与精力，用于"发现自己"，对从外部获得资料意义不大，而用于"发现别人"，则有利于发现更多的机会、风险、人际关系与新的领域空间,这样会收获更多。

我组织过一个"发现别人"团体成长小组,主要形式是每周固定时间集中到一起,采用团体成长的方式,相互交流每人在这一周内所研究分析的一个"别人",通过把对自我的关注转移为对外部环境的关注,以提高自身心理素质,增强识人与处世能力,促进个人成长。这个活动进行了两个月共8轮,下面是同学们在活动结束时的感想,很能说明问题。

**学生1**:从小家人会限制我的活动,不准许我出去玩,一直到高中毕业。我高中三年跟同学出去逛街、出去玩的次数屈指可数。在"发现别人"活动中,慢慢有了一些改变,我愿意去了解别人,当了解了别人,知道了别人的习性,我发现自己可以去干扰他。比如我想让他觉着我友好想和他做朋友,那么投其所好,这样我会交到更多朋友。有些人我不喜欢,我会以其他方式干扰他,至少不让他在我的地盘撒野。

**学生2**:有时候不仅仅是为了发现而发现。比如当我观察一个跟我有差不多经历的人,我会发现,她可以比我表现得淡定、乐观、开朗。从观察她,我知道自己该怎样做出改变。我会更加深入地去了解一个人,会学会体谅他人,有些事当了解到当时他的心情和处境后,就不会产生不必要的误解,毕竟大多数人都没有恶意。

**学生3**:以前我总是沉浸在自己的世界里,而跟大家一起讨论时的辩驳、质疑、讨论、接受为我们打开了一扇光明的窗。真的很感谢这些小伙伴带给我的这种氛围。

**学生4**:几次观察别人的经历,使得我的注意力愈加往外放,越来越少纠结自身的问题,分析、发现别人的兴奋度更高了。于是更自在快乐,对朋友的依赖感更少了,内心有了支撑,更硬挺、独立了,不再"多愁善感"。

**学生5**:之前和朋友的相处更多是理智、情感上的理解支持和一起娱乐。但现在,对待不同的人,为了达到不同交往目的,我开始有了策略上的选择。不那么在意别人的目光,敢说敢做,更有底气了。甚至开始用某些举动、穿着、言语来观察、试探不同人的反应,试着摸他们的底。

**学生6**:一开始我报名的时候,特犹豫,因为管理课还没适应过来,但在第一次讨论的时候,我就感受到了大家的放松,所以我越来越放得开了,和小伙伴们的相处也很愉快。

**学生7**:观察外界真的很有趣,能学到很多东西。现在我敢正视他人,开始了解陌生人,也不怕被坑了。眼神明显坚定很多,整个人的状态也好很多,更自信了,而且会更主动和别人交往。参加一些活动也会表现正面的自己了,好多事情都在往好的方向发展,感觉整个世界变得好了很多,很爽。

**学生8**:一直以来,我对社会和人的认识都局限在父母对我的影响上,觉得人际关系深不可测,对未来充满担忧,整个人都很焦躁、迷茫、消极。但是通过这次活动,我了解到各位同学不同的价值观、人生追求和生存状态,我突然意识到社会根本没有父母所说的那么糟糕。当我真正把精力转移到外部环境上时,有一种如释重负却非常兴奋的感觉,这也让我敢于摆脱父母的影响,乐观面对未来。

**学生9**:以前我很容易受别人的影响,遇到矛盾也尽量忍着,弄得自己很不开心。现在找到了制约他人的方法,敢于去对付别人了。从这一件小事尝到甜头后,我也敢于把干预别人应用到更广的方面。

**学生10**：我感觉眼神活了。了解一个人，需要不断地看，找细节，找差异，所以以前呆板僵硬的眼神消失了，会在更短时间内发现更多信息。脑子灵了。观察之后要思考、判断、琢磨，这个人为什么会这样，有什么弱点，不断思辨，脑子快了很多。不拘束了。我发现当我的关注点从自己转向外部时，拘束的是别人。幻想少了。幻想一是对异性，二是对外界。以前会不断地在脑子中编一段段故事、构想一段段情节来使自己兴奋，现在会想策略如何与她交往。敢拼的劲头足了，大不了说错话、做错事，吸取教训后再来。由于思维模式的转变，我常常站在主动一方，能更好地控制局势的发展。

**学生11**：从小就听过一俗语：可怜之人必有可恨之处。在某一次分析之后，我忽然觉得这话倒过来也有理，一个可恨的人，可怜之处必不在话下。一个人之所以会成为一个遭人烦的人，身上必然有某些特性给人带来麻烦，使人厌烦，而这些特性的形成又与其所在的环境息息相关。异常的环境通常使人形成异样的特性，而成长或是生存在这样异样的环境之下，本身就是一件可怜事，所以可恨者也有可怜处啊！

从上面这些感想可以发现一个极其重要的"闪光点"，也是当前学生普遍缺乏，但却是人的本能且必须具备的：攻击性！！！这些学生之前也普遍存在脆弱、胆小、自我这些特征，缺乏"攻击性"这种人的本能是一个重要原因。而通过"发现别人"的活动，可以发现大家普遍心性硬挺了、思维均衡了、情绪稳定了，有了寻找别人破绽的意识，掌握了一些干预别人的方法且敢于干预别人了。另外一个重要的收获，是能够发现别人的优点并主动学习借鉴，这些收益,是"发现自己"远远无法得到的。

### 五、心理类书籍的阅读

1. 不宜读当下流行、畅销的心理类书籍。这些书为提高销量,会引诱、刺激、鼓励你分析自己,因为这样马上就会"找到"自己的"心理问题"而产生强烈的心理刺激与心理兴奋,读这些书,非但无益而且危害极大。因为用这些书中的理论与方法分析自己,没有现实参照,只有书中描述的虚拟的话语,而且一个人一种理解,总之不能超出自我认知范围,因此基本不会有提高的指标体系,其结果是越分析问题越多,你就越来越不正常,如果再"认真"读书,甚至会反常。

2. 应读经典的心理类书籍。但是经典的书并不好读,因为经典是对规律的揭示,而不是对读者的迎合,因此少乐趣而多费解。经典心理类书籍鼓励对社会性心理与他人心理的研究,即"自己折腾外部",周期长、成本高、难度大、见效慢,貌似无所得却可以产生切实的、长期的收益。这也是经典通常不畅销的原因。

3. 读书的方法是先找点。先从书中找到几个自己能理解的观点或方法,马上用来分析身边人,验证、悟识,并在积累了经验后,由点及线,分析更多人,再由线及面,更广泛地分析人,再作对全书的理解。分析他人越多,你就越知道什么是正常,你也就越正常。

## 第 3 节　心理干预的机制与方法

习练心理的目的,就是要掌握心理干预的机制与方法。

收到一位女生的问题,正好可以把心理干预的机制与方法说明白。

下面是我与这名学生的一系列对话,记录了指导与训练这位学生掌握基本的心理干预方法的过程。

**学生:** 老师好! 我最近换了新领导,发现他很喜欢在下班前叫我说事情,一开始以为他有急事要办,可是发现讲的都不是急事,完全可以第二天说的。最夸张的一次,马上就要下班了,他把我叫住,看了下表说,还有几分钟时间,和你说点事,然后支支吾吾地把早上说过的事情又重复了一遍。他也知道我回家很远,而且班车不好等。可是还是经常在快下班时叫住我谈事情。他这个是什么意思啊? 该怎么对付?

**老师:** 先把人分析一下。

**学生:** 1. 50 岁左右,男性。2. 为人小心谨慎,很注重礼仪。交代下属做事,末尾都会说"谢谢""麻烦你了",或者不好意思地笑笑。3. 为人很客气,进入他办公室,他都会招呼并让坐。4. 时间观念比较重。有同事开会晚了几分钟，他的口气就非常凶。5. 说话比较喜欢兜圈子。比如他不认可我做的事，但不会明说，而是说其他同事这个事做得多么多么好，然后让你主动提出来修改。6. 喜欢说自己交游多么广泛，认识多少多少人。

**老师：** 你这是在描述人，虽然能反映出一些特征，但是没有分析出什么东西。再分析一下，这是个什么样的人，或者人怎么样？

**学生：** 慢性子，感觉为人比较随和，不管打电话还是当面和他人说话都是笑脸相迎，但过于客气，非常有距离感。做事情喜欢亲力亲为，也比较认真仔细。有时找我谈部门其他人员或闲聊私事的时候语言含糊，明显说一半藏一半。

**老师：** 还是在描述，但已经接近核心问题了。想一想，他和影视剧或小说里哪个人比较像？

**学生：** 我想到《金陵十三钗》曹可凡演的角色，外形也有点像。

**老师：** 很好。再想想，在快下班他找你的时候，用什么方法干预他的心理，使他产生"不好"的联想，从而不想再进行这个谈话。

**学生：** 之前有一次我和领导闲聊时，趁机对他说，我每天下班都要奔跑着追车，他听到后步伐变慢了。之后几天的效果非常好，没有快下班找我这档子事了。可是过了一段时间又恢复了。这算不算干预了？不知道会不会产生其他反效果。

**老师：** 这不是干预，太直白了，等于是直说。心理干预是"天真无邪"地说"无关"的事，让他产生不快乐的联想，进而不想再和你谈话,但是他又意识不到是你不想和他谈话。这样才不会有什么不好的效果。

再想想还能怎么做?电影里的角色的敏感点是什么?

**学生**:电影里的角色是个汉奸,但是不想让他女儿知道。我想到的干预是这个时间点一般都会饿,和他聊聊家里烧的好菜,说得多了,肚子感到饿了,自己也想早点回家了。

**老师**:"不想让他女儿知道"这个点很好。但是你的方法和这个点无关,联想到的也不是"不好"的事,因此不会有好效果。

**学生**:那和他聊聊回家的路上一般都做些什么事情,间接告诉他我要赶班车,让他感觉下班前留我非常不妥,这个方法对吗?看来我之前直接说效果不佳,今天快下班时又来找我谈话了……

**老师**:还是没有利用他的敏感点。既然他的敏感点是不想让他的孩子知道,那你就在谈话时"无意"地多提他的孩子,让他产生"不好"的联想,而你又是在"关心"他,因此他既意识不到你不想谈话,又不想再谈话,这才是心理干预。

**学生**:哎呀,对啊!就是要聊他不愿意聊的话题啊,我怎么没想到……老师!


总结一下:心理干预,即首先分析对方,总结出敏感点,然后定向投放设计好的语言、动作或者物品,对对方的心理进行干预,进而影响对方的心理、情绪、思维与行为;而不是直接施加影响与干预。

(一)心理干预的基本机制

1. 找到敏感点。找到一个人的敏感点,这个敏感点包括两种，一是兴奋点，即让对方高兴、快乐而愿意继续进行某事；二是脆弱点，即让对方失落、消沉而不愿意继续进行某事。

2. 投放相应素材。用"下意识"或"无意识"最起码是"随意"的语气，用"关心"的态度，投放与敏感点相关的素材，去触及这个敏感点。

3. 使其产生联想。触及这个敏感点后，利用对方的自身经历与心理特征，让对方自行产生联想，而对其心理进行干预，从而使其产生符合你预期的效果。

这样做的好处是，如果是触及对方兴奋点，不会给对方巴结、迎合的感觉，而在深层次上认可你。如果是脆弱点，不会给对方敌对、否定的感觉，这样既能实现你的意图，又不会有负作用。

（二）心理干预的基本方法

1. 怎么分析人。年轻人社会经验少，面对一个人直接分析其心理特征是比较困难的，因此"旁推"是个好办法。就是在看过的电影、电视、小说，在曾经接触过比较了解的人中去找"类似"的人，这样可以大致"旁推"出一个人的基本心理状态。当然不会完全对应，因此还需要一些"旁敲侧击"去验证，这样就比较容易找到一个人的敏感点了。

2. 素材怎么找。心理干预的素材，有三个要求：一是善意的；二是无关的；三是能激发联想的。因此通常是在"家常"中找素材，用拉家常的方式说家常话，首先是不显山露水，其次又体现着关心或善意而不会引起对方怀疑，再次由于是家常话，也就是经常涉及、接触、思考的话，最能激起联想。

从这个实例看，50岁左右，下班了不回家而喜欢与异性下属谈不那么"工作"的话，可以判断家庭夫妻感情不好或是单身，通常有一个女儿但与女儿情感疏离、不那么亲密（通常父女之间的亲情问题会更深刻一些,父子之间则程度弱很多)。因此基本符合电影中人物的心理特征,可以从这条线找到敏感点。而与同事拉家常谈及家庭子女又是最普通的谈资,不会引发疑虑。

有学生可能会问,这样干预人好不好?其实心理干预只是方法与手段,干预性质具体要看动机与意图。像这个实例中的情况,领导总是快下班时找异性同事谈话,时间一长,可能会生出一些事来。而用这样的心理干预,既可以防范并解决问题,又不会造成不好的影响。这类事可能只有这样办才会取得最佳效果。另外在工作协作中,适当地对同事进行心理干预,也可以让大家工作积极性更高,让工作过程更轻松、快乐,不失为一个好方法。

## 第4节 弱势心理分析

### 一、弱势心理的三种表现

从这几年的教学经验看,弱势心理一般有三种表现。

(一) 励志

核心是"我要做×××的自己",将"我"与"自己"这个本来的"一体"在幻念上抽离开,通过"我"对"自己"的折腾来获得心理兴奋与快感。但这样除了空耗精力、无实质性收益外,还让心理、思维与情感的发展偏离了社会现实与理智基础,无法形成现实的能够解决问题的、具有创造性的方法论与意志品质,进而实质性地影响人的生存与发展。

(二) 自卑

原以为自卑单纯是外部环境造成的,现在看来,外部环境只是一个诱因,一部分人正确对待外部环境的差异不会自卑,而另一部分人却发现了自卑的妙处——自卑可以作为不努力、不奋进、不拼争与胆小怕事的最佳借口,还可以通过"我矮、我矬、我穷所以不可能×××"来否定自己产生极大的心理刺激,此外还能从自卑的亲兄弟"自大"那里藐视他人、否定他人、唯我独尊,而得到极大的心理兴奋与快感——因而就主动保有且乐于自卑了。或者说,自卑通常是自找的且以此为乐的,但它对思维、心理与情感的局限极大!

(三)纯爱

表面是所谓纯粹、真挚、脱离物质的爱,核心是各种"虐"。通常追求纯爱都不具备有效的与异性交往的能力,但是却不想如何提高与异性交往能力,而是否定交往、否定快乐、否定性感,建立一个虚幻的、现实中根本不存在的纯爱目标,在各种"小清新"的鼓舞下,开始了"刻骨铭心""太不公平"与"你能不能"的各种"找虐"之旅。其乐趣不在恋与爱、欢与乐,而在伤与痛、悲与苦。其最大悲惨,是无法享受真正的恋爱与爱情带来的精神上的欢愉,无法有自己真正的爱人。婚后或年龄稍大,基本就与情爱、性爱和恋爱无缘了。

## 二、"弱势难改"的心理机制及改进路径

现在有一种较为普遍的现象,即"道理都明白但就是做不出、改不了",而其中以弱势的心理、思维、行为、表象尤为难改。

(一)"弱势难改"的心理机制

人有一种基于生存本能的心理机制,即不管在什么样的存在状态下,都会内生性地产生一种心理快感来支撑心理以生存。当这种存在状态符合人性、利于人的生存与发展、适应社会的内在要求时,或者说存在状态"好"时,这种快感会随着人与社会(外部环境、人际交往)的良性互动,即能够得到外部的肯定性评价与足够关注,而升华为快乐。但当这种存在状态不符合人性、不利于人的生存与发展、不适应社会的内在要求时,或者说存在状态"不好"时,人与社会缺乏良性的互动,即不能得到外部的肯定性评价与足

够关注,这种快感无法升华,而只是停滞于快感。但这种快感不能升华,其存在周期远远小于"先得快感再升华为快乐"的周期,此快感相对易逝,因此这种状态下的人就要不停地通过强化、激化某种内在的"形式"(弱势的自我认知)与外在的"形式"(弱势的外部评价)来持续性地获得快感。而反复强化、激化这一"形式"(弱势),会使这一"形式"(弱势)固化而难以改变,而又因这一"形式"(弱势)直接关系到快感的得失,进而关系到对是否存在的判断,因此更不易改变。生存状态好的人远比生存状态不好的人容易改变,就是这个道理。但是这种往复会导致生存状态一直不好,因此又必须改变。即便"充分"地认识到弱势的危害,"充分"地认识到改变弱势的好处,也还是不易改变。

当前对"改变弱势"存在一个误区,或称为方法论意义上的错误,即试图通过劝解、分析、帮助、解说、批评和关心来"改变弱势",这样的做法虽然在主观上是善意的,是"貌似"有效的,但在客观上只是形成了对弱势者来说相对"低成本"的更大的"外部关注",即不需要正向的努力以获得外部关注而只须呈现弱势即可获得外部关注,这给弱势者制造出了更大的快感,产生了更大的"诱惑",从而进入了"外部关注—更大快感—更大弱势—更大外部关注—更大更大快感—更大更大弱势"的循环。快感易得,而快乐却是预期未知的,因此,这个循环使弱势更难改变。

(二)改进路径

从先前使相当一批学生产生显著改变的经验,总结出一个改进路径,包括五个步骤:

1. 解放思想。破除主要由家长与学校强加的限制、禁止。其实他们也是受社会转型期的"不成熟"的影响而不得以为之,但是社会转型只是一个时期,而学生,尤其是"90后",却要大半辈子都生活在社会后转型的相对成熟期。类似于"文革"年代,高考被取消11年,所以不学习是那个时期的特色,但学习却是整个人类社会发展历史的特色。比如,坚持学习的人,在高考取消时期无任何收益甚至会被不学习的人耻笑,但高考恢复后,只有他们能成为极少数考上大学的人,并因此而受益终生。其实解放思想的核心是认识到社会转型的阶段性,而为后转型时期的生存与发展打下基础。回到动物性、回到本性、回到本来,其核心是做一个正常的人,并具备人的正常。

2. 闻多识多。要想正常,首先要知道什么是正常。同龄人可取样本太少,大龄人沟通交流不便,目前看效果较好的有两个途径:第一是多看经典的书、影视剧、戏剧,经典经过历史与社会的筛选与认可,最能反映社会与人的本质。还可以多看报纸,广泛了解社会信息,便于结合起来参悟。第二是多看人,广泛地研究身边人、身边人的身边人,乃至道听途说的人,提高对人的认识与把握,才能更好地认识与把握自己。关于这一点一个最大的误区是自己分析自己,分析自己不仅无益,还会产生极大的误导,使没问题的部分出状况、不可能的事发生。但当前一些畅销的心理与励志书还是采用"诱使"你分析自己的手段来刺激你的消费欲望,因为自己分析自己远比自己分析他人能得出更多的结论及心理兴奋,而误以为这本书很好、很有用。试想最经典的《精神分析引论》销量远远少于当前的一些"快餐类"心理书籍,就很说明问题了。这方面要特别注意甄别。

3. 看到前景。做正常的人及具备人的正常是可以产生远远大于做不正常的人及不具备人的正常的收益的。但是看到前景,更多地是从"闻多识多"中来,而不是依靠老师的讲解与帮助,只有具备了"闻多识多"的基础,老师的引导才能发生作用。这也是为什么老师不能过于热心及"和善"的一个原因,热心会提供不当的外部关注,而"和善"会使你"改变"的心理势能积累降低,都会影响效果。综合施为,才能看到前景,看到前景才会产生兴趣、信心与动力,即有更好的主观能动性。

4. 摆脱快感。目前探索出的有效方法是快乐示范、快乐引导和快乐置换。即首先感知快感之外的快乐并进行生存状态的对比,以认识快乐的生存状态优于快感的生存状态。其次是摆事实、说道理以说明"困则变、变则通"与人人都可以而且应该得到快乐的道理,并训练切实可靠的获得快乐的思维与手段。最后是一步步来,一点点地用一个个小思维、小手段应用产生的小事件而得到的小快感,在良好的人际关系与社会评价下升华为小快乐,来逐步置换原先产出快感的思维、手段与事件,最后达到一个基本正常的目标。其实摆脱快感的目的是获得快乐。

5. 弃之不管。想明白了,感受到了,但离做出来还有一个最重要的一步——"惊心一跳"。这就是"迷时师度、悟时自度"的道理。但悟时自己不度,就需要弃之不顾了。通过内在的心理机制营造更大的压力,即更大的推动力,以促使改变。这也是我每次开第一节课总要讲"活该"的道理。弃之不管仍然不改怎么办?那就只能给予真诚的祝福了,这个社会总要有人扮演特定角色的。

通过以上五步,你基本上就可以在"逼迫"的条件下获得一些快乐了,这以后自然就会向着快乐的方向前行了。当然途中还会有反复,但已不会有方向性的改变了。

## 三、抱怨、心理弱势及拼争本能的缺失与恢复

抱怨多,是一种心理弱势的表现,因为事成了不会抱怨,只有

在没力量、没勇气或没能力处理、应对、控制某一事件或局面时，才会抱怨。但抱怨不能通过强制或强迫性的控制与压制来改变，因为抱怨只是表面的现象，即使能改变表面现象，但不触及内在的核心机制，尤其是心理机制，也是无效的。此外在心理弱势的状态下，既无力"发动"对外部的强迫，也无足够的能量支撑来"承受"强迫，因此通常强迫心理弱势状态下的自我改变是无效的。

抱怨只是表面的现象，其根在缺乏拼争的意识、精神、技巧与收益。拼争是动物的本能，不管遇到什么人或事，第一反应是决定"斗"还是"逃"，第二是"如何斗"与"如何逃"。至于对某一状态、状况或局面的"抱怨"，是因缺乏或不具备对形成这一状态、状况或局面的人与事的拼争的意识、精神与技巧，或因胆怯，而被动采取的消极"回避"或"躲避"，但又贪图或放不下其中的诱惑或好处，而产生的某种心理失衡的外部表达。

因此要减少抱怨甚至不抱怨，要从"逃"开始，通过主动大胆、有技术含量但又最易做、最没风险的"逃"，来恢复动物的拼争本能，进而逐步强化拼争的意识、精神和技巧。等到有了哪怕一点点收益后，就会形成一个反复强化的良性动态循环，而拼争水平与收益逐步提高后，就不会过多抱怨了。

从"逃"开始，先恢复本能，再在主动、大胆的"逃"中营造出的无风险心理环境里练意识、精神与技巧。而有了本能性的意识、精神与技巧后又会产生"艺高人胆大"的心理效应而试探性地、小规模地、专挑弱者地、随时都准备逃地"斗"，多次反复总会有一两次得手，而得手后的收益又会激励进一步的"斗"，如此往复，就形成了上面说的一个反复强化的良性动态循环，而敢于拼争、乐于拼争、善于拼争，并不断向更高层面去拼争。

此外，主动、大胆、公开地"逃"，是一种非常有效的脱"耻"过程。中国文化的一个糟粕是易使某些自然条件较差的人产生过强的"羞耻感"。这种"羞耻感"既不是社会认定的,也不是主流标准,甚至不是他人评价的,而是"自以为耻",是自己以社会负面标准来评价自己的自以为的负面而得出的"耻",最常见的就是以穷为耻。这种"羞耻感"会极大地制约思维与心理的发展,制约智慧与创新的产生,制约行动与交往的延伸,其结果是在心理状态上弱,在外部表现上矬,而且会消耗大量的精力用于"另类"活动以支撑心理。因此脱"耻",会让原本具有的但先前被"耻"压制住而不能发挥作用的那一部分能量释放出来,即可以使用全部的能量,这样与先前相比,没有任何成本就有了比以前更多的能量,也有利于拼争的恢复与提高。

先从主动、大胆、公开地"逃"做起,还有一些好处,一是抱怨或心理弱势本就是"逃",而主动、大胆、公开地逃,是"换药不换汤",成本低,易施行。二是心理弱势通常会用自嘲、自贬、自损的方式来吸引外部关注以获得心理支撑,类同于"主动、大胆、公开",心理压力与心理转换的阻力较小。

## 第 5 节　常见心理问题解析

### 一、如何克服不安全感

当前年轻人多存在"不安全感",男生女生都有,其主要原因是父母关系及成长环境有问题。

由于父母在社会上的存在状态,包括社会地位、人际交往、工作环境等(但与经济收入相关性不大),产生不了足够的快乐;或者由于父母个人爱好、性格心理、人生态度等原因造成其获得快乐的能力与获得的快乐都不足,转而"内向"从与子女的亲情活动中获得快乐。一来子女没有"还手之力",尤其是在幼时,这样父母可以无风险、无技术壁垒、不受外界干涉地对子女进行干预;二来这种亲情活动可以以"爱"的名义进行,父母通过虚拟情感升华(如把自己的付出"艰辛"化,把自己的形象"伟大"化)来使获得的快乐与心理兴奋极大化。

但随着子女的成长,子女必然会独立而与父母疏离,这样父母就面临着失去快乐或快乐不再的风险与危机,因此就会无意识地加以阻止。主要是通过营造"恐怖气氛",比如在子女小时候给他们讲大灰狼,到了大学时又说社会如何险恶、坏人如何多,并经常性地贬低与否定子女的生存能力等,使子女对独立产生恐慌而继续依赖父母,同时用各种"感动"使子女在对父母的依赖中同样产生心理兴奋与心理支撑,使父母依旧甚至更好地获得成就感、荣誉感、存在感,获得心理兴奋与心理支撑。

但在子女上大学后,尤其是大一、大二,父母由于子女的离开而产生严重的心理不适并缺乏支撑,因此即便远程也要进一步强化联系并加大"恐怖气氛"。而缺乏独立生存能力的子女在新的陌生环境下会更加无助与恐慌,这两者相叠加,就会表现出比"以前"更强烈的"缺乏安全感"。

解决的途径也不是"加强沟通",那样只会愈演愈烈,而是"叛逆"。首先要用这本书讲的分析工具去"反思"亲情;其次用这部书的方法与路径逐步构建"精神、文化、心理、思维、品格、情感"的独立,其中文化包括道德;最后提高处世能力与效果,提升信心。

要注意的是:一是存在不安全感的年轻人本身已经习惯了这种"不安全感"及其产生的心理兴奋与心理快感,而改变的前提是首先要失去这种心理兴奋与心理快感,然后才能获得"独立"后的各种快乐,但"独立"后的各种快乐在"失去"前看不到,更感受不到,因此"自我"改变极其困难,最好依托这门课程推动。二是这种不安全感在学校期间还不能看出其危害,但到了社会上,就会全面影响一个人的生活质量、爱情婚姻、实际收益等各种人生体验,且影响很大。比如易因各种"感动"而上当受骗,选择方向时不是以"利弊"而是以"安全"为标准,等等。三是反思不是反对父母,而是充分理解父母的"不易",因此要贯穿"说父母喜欢听的话,做对自己有益的事"这条主线。这可能是一种"忽悠",但却是为了真正的亲情而忽悠。

## 二、为何害怕与生人交往

害怕与生人交往是学生中非常常见的现象。由于父母教育不当,即过于"正面"教育,并施加很多思维、心理上的规范限制,而剥夺了孩子"破坏"的本能(破坏是人的本能,也是人类能发展的原始性本能)。通俗地讲,就是既不敢"坏"更不会"坏",凡事总想通过各种好来实现目标,这样在"方法论"方面就缺了一大块,很多只能通过"坏"获得的快乐就没有了,所以只能折腾自己,用郁闷来产生心理兴奋。

显然,与生人交往的乐趣大于熟人,因为熟人已经是你"篮子里的菜"了,而生人是往"篮子"里添"新的菜",当然会更快乐、更有乐趣。但这需要技巧,尤其是"坏"的技巧,比如迎合一下、吹捧一下、关心一下,等等。但由于缺失"破坏"这个本能,产生不了足够的能量去用这个"坏",更在经验上缺乏"破坏"之后的快乐体验,因此就难以做出了。

解决的方法也很简单,就是主动给室友留个坏印象,走出第一步,恢复本能。能"主动"做到这一步,思维、心理与技巧打开了,很多事情就好办了。另外"会坏"也是一个人气质的重要组成,不"会坏"人会显得"单纯、乏味、没活力",因而"分量"不够,也难以引起生人的足够重视来主动结交你。"会坏"则生人会通过你的气质感受到"分量"以及这种"分量"可能给自己带来的好处,而更乐于结交你,这样你就掌握了交往的主动,更易于与人交往了。

另外这也是一种重要的自我保护,真的遇到了电视剧《不要和陌生人说话》里的"陌生人",由于你"会坏",就不会成为目标;而不"会坏",则可能有麻烦。

### 三、为什么与异性在一起会紧张

与异性在一起会紧张是由于思维和经历过于单一,把人际交往简单二分为"交往"和"与异性交往"。潜意识里把"与异性交往"和"性"联系在一起,进而引申联想到性行为,从而引发道德对自我的批判而产生紧张与恐慌。其实"与异性交往"的范围非常广泛,形式也丰富多样。涉及性的只是极少一部分,而绝大多数部分是"男女搭配干活不累"的互补、协调、慰藉、轻松、快乐和有趣。当然也会有冲突、矛盾、误解和竞争。解决方法是先与异性进行"非接触"式交流,可以通过微信、邮件交流或在朋友圈、微博的动态里回复之类的形式,但一定是就事论事的交流,找到"正常"的感觉后,再进行实质的接触与交往。

### 四、为什么有人喜欢"上当"

这是现实社会普遍存在的一个"合理"的不合理现象。经常看到有些人在"上当"面前没有抵制力,而且不听劝,一意孤行地非要上当。而上了当后又痛哭流涕、悔恨交加、发下重誓,但下一次依然故我。

这是怎么回事呢?

比如花100元买了只值10元的东西,是典型的吃亏上当、花冤枉钱,但这只是表面现象,账不能这么简单地算。这100元还买到了很多心理上的"得到"。

首先得到了被骗子忽悠时又是被夸又是被捧的被服侍感与优越感;其次得到了知道上当以后悔恨交加时产生的强烈的心理刺激、心理兴奋和心理快感;再次得到了向他人倾诉时他人的安慰、劝解、批评等外部关注。

因此喜欢上当的人喜欢的并不是上当,而是喜欢上当后心理上的"得到"。这也可以反推喜欢上当的都是心理状态差、存在感低的人,当从正面、主流、真实的渠道无法得到足够的心理支撑与快乐时,就被迫转向从另类途径来"得到",即便是负面的,实质是有害的,会形成恶性循环的"得到"。更重要的是,这种虚幻而非真实的、没有实质性收益而有损失的"得到"并不能真正、真实地形成心理支撑与精神享乐,而且为社会认知所不容,兴奋感很容易消退,因此只能通过反复"上当"来不断"得到"。

当朋友中出现了这样的人。如果你真想帮他,按传统的方法去阻止、去指责、去说理,只会刺激他产生更强的心理兴奋而更要去上当。因此要反其道而为之,一开始就做个冷静的旁观者,不拦不劝,审视地看他被骗的全过程,用审视分散他的注意力以降低心理刺激。事后告诉他"喜欢上当"的机制与道理,使他在明白道理后无法再获得原来那样强烈的心理兴奋,而把注意力与精力放到现实的有实质性收益的事情上,得到真实的心理支撑与真正的快乐。类似的还有"喜欢被骗",其心理逻辑也大致相同。

## 五、为什么"艺高人胆大"

艺高人胆大。艺高是因,胆大是果。当前的励志成功、心灵鸡汤鼓吹的很多心理、精神状态与观念,其实是只有"艺高"才会产生的结果,比如"积极面对人生",试想不会为人处世,不懂人情世故,没有一定物质基础与社会认知,怎么可能积极面对人生呢?

绝大多数励志成功、心灵鸡汤是不谈艺的,因为谈艺就是人人都知道的"正经"路线而不能刺激受众的消费意愿产生购买行为,或不能刺激受众异常兴奋而广泛传播,而这两点正是这些励志成功学、心灵鸡汤刻意回避的。但是不谈艺就没有"成功",刺激不够强烈,于是就开发出了独特的"自己战胜自己"这种逻辑混乱的言论,自己怎么可能战胜自己?

　　由于教育体制的"应试化",造成了教学内容的"空洞化",一是学生学不到处世哲学,不了解社会;二是学生不读书,不了解前人总结的人生智慧,而生存能力不足。但是社会是现实存在的,因此对社会的迷茫催生了"快速理解"的励志商机,致使各种厚黑学与读心术流行;生存压力催生了"快速致富"的励志商机,致使各种成功学与心灵鸡汤泛滥。

附录
# 问题解答

### 问题1：如何理解"可以无知，不能浅薄"？

**答**：举个例子：井里有两只青蛙，一只不知道天空有多大，没关系，跳出井口就能明白，它的思维没有局限，它只是无知；而另一只认为天空就是井口那么大，一切对外部的认知都建立在这个基础上，一旦跳出井口，原先的认知不能支撑新的生存与发展，就容易被淘汰，这就是浅薄。"可以无知，不能浅薄"，处于无知的状态，可塑性强，利于学到更多的知识、适应新的环境。其实学到的东西越多，无知的边界就越大。

### 问题2：什么是主流？

**答**：总的来说，主流是收益率最高的地方，是蕴藏绝大多数财富的领域。主流应符合三个标准：历史规律、社会规律、人性规律。拿历史、社会来说，历史上是读书人收益多还是不读书的人收益多？当今社会是有文化的人收益多还是没文化的人收益多？拿人性来说，人是高级动物，人性不同于动物性，简单的生理性、物质性刺激与满足并不必然符合人性，只有基于人与动物本质区别的精神上的享乐与满足，才是符合人性规律的。而"人是一切社会关系的总和"，所以人性的满足基于社会关系的反馈，即"众乐乐善于独乐乐"。因此，居于主流，更利于人的生存与发展。

### 问题3：如何才能在学生会与社团的面试中成功发挥？

**答**：学生会与社团的面试只是大学生活中的一件小事。可以延伸想一想,在学生会与社团的面试里发挥"成功"了,得到认可了,进而形成了思维定式,有助于你以后毕业找工作时在 500 强企业与公务员面试中发挥"成功"吗?面试官的水平、层次,面试的标准一样吗?你的目标取向是哪一个呢?你现在追求的成功会不会形成低层次的标准而导致以后的不成功呢?还可以更进一步延伸思考今后几十年的"面试"问题,有了这样的思考才能更好地应对学生会与社团的面试,而不会形成局限。

## 问题 4:遇"不平"事如何控制自己生气之类的负面情绪?

**答**:遇到"不平"事单纯控制情绪是没有意义的,也没见过谁能控制得好的,还是要建立"应急"的思维模式和反应模式。遇到异常的人或事,第一反应不是生气或产生情绪,而应该先想利弊,这是最重要的。对异常的人或事,最初的反应时间非常短但是最重要,有限时间不用来分析利弊、思考对策,而是用来生气是很划不来的。反之,你遇事即想利弊,就不会生气了。当然,这种"先想利弊"模式的建立是需要一定的时间与经验的,但要有意识地去做,只有多做、多训练,才会形成这样的"应急"思维模式和反应模式。

## 问题 5:该如何对待在背后说我闲话的人?

**答**:这个问题意义不大。因为不管如何"对待""在背后说我闲话的人",都还是局限在这个问题里,甚至陷入一种"对待—闲话—再对待—再闲话"的死循环里,会让这个问题更复杂、更麻烦、更纠结而得不到解决。因此把问题换成"如何不让人在背后说我闲话"更有意义。方法一是转换做事的方式与形式，不能让所谓的闲话制约你、局限你，而是通过表现形式的调整，既做了该做的事，又让别人不说闲话。二是闲话也会给人带来心理上的被关注感与存在感，要摆脱这种无益的、非实质性的兴奋与快感。

### 问题6：如何与领导相处？

**答**：建议一是忠心，二是努力，三是多谋事，四是少想自己。而其他技巧性的东西是很好学的，多察言观色或者碰上一个好的领导就能学会，但上面的品质是学不会的，只能通过人生观、价值观、世界观的改造获得。有了上面四点，领导就会主动来找你了，这样既主动又不陷于流俗，效果最好。类似于电视剧《胡雪岩》里胡雪岩找刘庆生，完全不是刘庆生自己争取的问题，也不是什么在竞争中胜出的问题，但这却是最好的效果。这年头领导想找个得力的手下干将多难呀。

### 问题7：上大学后为什么没有归属感？

**答**：因为你没有关心你所处的集体和集体中的其他成员，而只是想从这个集体或他人那里得到关心。当前高中的一个特点就是学生在这个环境里因高考而受到家长与老师的"压迫式"关心，无法、不能，也无必要养成关心集体和他人的意识、动机与方法，这样就少了一种重要的谋生与处世手段。而到了一个新的环境里，主动、积极地去关心集体和他人，可以迅速被这个环境所接纳，建立自己的人际关系网络，获得心理与情感支撑，得到各种信息、帮助、支持与保护。不仅有归属感，还有实质性收益，其实，帮人就是帮自己。

**问题8：怎样和别人成为"自己人"？**

**答**：一听到"我很荣幸听您的课"之类的话就知道这个学生对这个课是极不"感冒"的，对我这个老师是看不上的。我又没惹你，你为什么要贬我一下呢？贬我也就罢了，养成了习惯以后在老板面前可是要吃亏的。一听到"亲爱的""敬爱的""尊敬的"之类的话，就知道外人来了，太客气了。一听到"老师，下面是我的作业"之类的话就知道自己人来了，没那么客气了。简单的问候，内涵却不简单。所以，要和别人成为自己人，首先要把别人当成自己人，然后用自己人的思维路数跟人打交道，人家自然能感觉到。

**问题9：男生如何有男子汉的气概？**

**答**：一是要有"独立性"，男生只有在独立地生存与发展时，才会产生最大的对男子汉气质的需求，从而激发男子汉气质的产生。在大学里，还缺乏独立生存与发展的环境，因此首先要做到心理、思维、情感三种独立。二是要明事理，就是做人做事的道理，事理明了，心性就硬挺了，所谓菩萨心肠霹雳手段。三是努力提高自己对女生的吸引力，在这个过程中会"反向"塑造气质。四是从艺术作品（主要是经典的）中寻找男子汉应该具备的气质、品质与形象，以强化对男子汉气质的认知。

**问题10：怎样活跃一个尴尬的聚餐气氛？**

**答**：做这个事情难度较大，也太耗费精力，也很少见到取得很好效果的实例，因此应该把工作做到前面。首先是聚餐选人，要避免"难对付"的人参加，或想办法排除。其次是合理安排座位，基本原则一是尽量把有关系的人（关系好坏都算）分开，这样就不会形成一个个小团体,而搞得整个场面没气氛;二是尽量把异性安排在一起,这样大家就容易有互相认识熟悉或交流的主动性,气氛就热烈了。若前期工作没做好,单靠自己在现场调节气氛,没有一定的功力,恐怕比较难。

### 问题11:如何选买衣服?

**答**:上学期间用父母的钱,不宜买太贵的衣服,但也不能在穿着方面,尤其是品位方面错了方向,这样形成思维定式以后改起来就难了。建议分两步:先看大牌衣服的款式、风格、配饰与色彩;然后到一般的较便宜的店里买类似的服装。这样既便宜又不会偏了方向,而且对自己的审美也会有很大的提升。比如买牛仔裤,可以先看大牌的,然后到一般商店或网店买类似的裤子。千万记住要慎买设计复杂、装饰较多的服装,而大牌的服装一般设计比较简约,色彩不会过于繁乱。

### 问题12:如何找"借口"?

**答**:这里找借口不是说谎话,更不是欺骗对方,而是社会生活中广泛存在、基于保护自己利益,而又不伤害相互关系的合理举动,人人都会遇到也会需要。方法是"不假思索"且"表情平静"地说出"一个"有"前期铺垫"支撑的"客观不可能"。第一,"真话"之所以"真"在于其无须思考,因为"真"是客观存在的,不应通过思考这一主观过程来表现,因此要"常备"几套适用于自己的理由在"关键的时候""脱口而出"。第二,多数人在找借口时为显得真,会在表情上表现"过度"迫使对方相信,因而约定俗成只要表情夸张就一定假。第三,理由多了自然就是找出来的,因此一个理由最好。

第四，借口是否可信关键在"有支撑"，即一看人或感觉不对，先"闲谈"一些事情"铺垫"，比如先说要买车，这样在对方开口借钱时，要买车就可以支撑没钱向外借的借口。第五，借口应是客观的，因为主观的易调整，而客观的就是"实在没办法了"。找借口和其他为人处世的路数相似，只能教方法，而不能给具体的方案。为人处世，是完全因人而异的。

### 问题 13：如何快速了解新的合作伙伴？

答：要快速了解一个新的合作伙伴，可以从很多小事情上看这个人的性格特征：其一，开一个暧昧的小玩笑，试试对方承受的能力，"道德感"强或心理敏感的人往往承受能力弱。其二，问对方借几块钱，或让对方请个小客，试试对方的包容能力，对钱过于敏感的人包容度低，相应合作能力也差。其三，过马路时看看对方是否"红灯停"，试试对方的规则意识，规则意识不强的人违反合同、协约的概率较大，且有可能在合作中因违反规则而产生意外风险。其四，看看对方是否有"随手关灯"或类似的习惯，合作中的成本意识也是非常重要的。

### 问题 14：大学期间学习重要还是经营人脉重要？

答：所谓"人脉"的基础与核心是你对他人、组织或社会来说具有"利用价值"，并且这种利用价值能够让他人、组织与社会在当前或将来得到收益。只要你具有这种利用价值，并有能产生收益的预期，人脉就会跟着你跑。你有什么层次与多少量的利用价值，你就会有什么层次与多少量的人脉资源。大学生有什么对他人、组织与社会来说重要的利用价值，自身底子不硬又会产生多大收益的预期？所以大学阶段还是应着眼于将来，以提高自身的利用价值，并打造能够让外界产生收益预期的行为方式为主。

### 问题15：如何展现真实的自己？

答：第一，一想"展现"，层次与境界就低了，应做真实的"表现"甚至"表达"。表达你是真的认真负责、团结友爱、忠诚可靠，想把工作做好，这些都是能力、素质与品质的核心。而能力、素质、品质一"展现"就不可信了。第二，真实表达而不展现，心就正了，就不会过于紧张，而是表现得自然、大方，这样思路开阔、活跃，更能随机应变。第三，展现是因为自己"非常想得到"。但有什么用呢？被展现对象是挑为自己干活的人，要让对方"非常想得到"才对，况且，通过展现得到的最后往往还是会失去。第四，真实是当前最稀缺的一种品质，但真实不是无所谓、赤裸裸，更不是没水平。

### 问题16：如何平衡学习和社会实践？

答：干什么吆喝什么，应该是最有效益、效果与效率的模式。学生的主业就是学习，广泛地学习。书中的社会远比一个大学生所能接触到的社会高、远、深、险，通过看书了解社会、了解社会与人的活动与思维规律，打下好底子，将来进入社会一遇实事就可以点化成自己的经验、手段和智慧了。不学习而跑社会的弊端：其一，荒废学业，实则是少了学习对思维的训练与知识的储备。其二，形成"不务正业"或"职业专注度低"的神情气质、思维习惯与行事方式，后患很大。其三，接触社会层面低，形成思维局限。

### 问题17：如何沉稳？

**答**：沉稳是一种重要的品质。其作用一是更广泛地收集信息以利于分析形势、利弊与决策。二是不易为小的利益或风险所感所困，以利于发现本质核心问题。三是手段与行动更稳定合理、有力度、成本低，效果更好收益更大。四是形象好，易于被认可接纳获得支持。

如何沉稳？一靠历练，二靠悟识。历练就是在每一次经历中都有意识地去练，练的就是悟识出的东西，而练的结果又成为悟识的素材。如参加面试，去之前先要悟识：第一，这样的场合应该稳重大方，又略显活泼热情。第二，怎样做到？面试时在现实场景中就去练这些。回来对练的结果再进行悟识。

### 问题18：如何让你的"脸上"有文化？

**答**：多想"与己无关"的事，甚至"与人类无关"的事。比如自然、山水、历史、社会、未来等。这样眉宇就疏朗了，眼界就开阔了，表情就恬淡了，目光就专注了，精神就纯粹了。整个面部的运动及表现就协调、自然、生动、真实了，就没有了硬、冷、僵、俗、涩、滞之感，并且"有文化"了。其实文化就是对自然、山水、历史、社会、未来、人类的认知与感悟。所以，可以通过看书、旅游的方式来提升自己的精神境界，久而久之，脸上的神情、眉宇间的神气自然都会发生变化。

### 问题19：怎么看待学生出口成"脏"的现象？

**答**：社会转型期导致的价值体系与观念的混乱所产生的当下的迷茫与对未来的不确定会使学生有迷失感与无助感，带来很大的心理压力,而如果没有能力或思想观念来承受或抵抗,就必须寻找一种低成本、易施行、有快感、能共鸣的方式来宣泄或对冲这种压力,而说脏话就正好满足了学生们的宣泄情绪。因此本质上这是一种社会性的心理现象,而不单纯是个人修养问题。因此对待说脏话的态度宜为:可以不说,不用抵触。套用一句不恰当的话,穷人也要有快乐的权力。但是更应该看到,说脏话只能取得当下暂时性的心理平衡,无助于获得支撑将来生存与发展所需的能力。甚至这种暂时性的心理平衡其实是有害的,因为正常情况下,在大学这个阶段,年轻人"应该"受到压力而产生动力去谋求更高的发展,但是这种暂时性的心理平衡"非正常"地消解掉了这种压力,从而也就消解掉了相应的动力,而更不利于将来长远的生存与发展。因此,更好的选择是不说脏话,把压力变为动力;说些粗话,适时调整情绪。

**问题 20:如何看待现在的那些成才训练,如主持人大赛等校园活动呢?**

**答**:判断某一成才训练,一是看实施训练的人有多成才,二是看经过训练的人有多成才。否则易被误导及形成思维局限。主持人大赛是个很好的锻炼,但最重要的目标不是名次与评委,而是把握观众,这是真功夫。而且,参加校园活动最关键的是要能劳动和真实。因为对大学生来说,劳动是最能强化一个人品质的途径,通过劳动才能更好地明白许多事理。此外,一个活动若老是搞一些模拟的东西,则缺乏真实感,以后走上了工作岗位后,被这些虚拟的思维限制住了,就很难融入真抓实干的环境。

**问题 21：人为什么要读书呢？比如读《老人与海》这样的世界名著，只是为了让自己看起来更有书生气吗？**

答：你问的问题已经超出我的理解范围了，因为我从没有思考过人为什么要读书的问题，就像从没有思考过人为什么要吃饭的问题一样。其实道理很简单，吃饭是物质的食粮，读书是精神的食粮。人的思想、精神的发展也需要支撑。多读书，一是可以开发脑力，激发智慧（类似于作业里的看电影）。故事书中的人物、故事、剖析、评论，理论书中的方法、理论、观点、视角，都会对现实提供借鉴经验，有助于你站得更高、看得更远、想得更广、做得更妙。二是可以培养兴趣，创造快乐。不读书，知识面窄，很难发现自己真正的兴趣，没有兴趣自然也少了乐趣。你就是想象一件快乐的事，也会因为"素材"的贫乏而效果有限。"书中自有黄金屋，书中自有颜如玉"，就是说读书既可以提高思维能力获得财富，也可以丰富性情提升乐趣。至于所谓"书生气"，只不过是读书有所得后的"外化"，并非读书的目的。其实广泛的读书是不会产生"书生气"的，因为广泛读书带来的广泛思考，及将思考结果在实践中的不断验证，会令人形成沉稳、机智、灵活的思维模式及外在气质。

**问题 22：为什么会不豁达或者钻牛角尖？**

答：不豁达和钻牛角尖的心理机制其实是一样的，都是一种自我保护。通常是被某种道德规范、成长中的某一"意外而有强烈刺激性"的事件，或某种家庭环境长期制约后造成的获利空间、思维空间与行为空间的狭小，而空间越狭小就越会形成"失去一点即一无所有"的强烈的心理危机感与恐慌感。在这样的长期心理压力下,对任何一点只要是与自己已经拥有的但方向相反的外部刺激,都会做出"保护自己所有"的反应。用正常标准来看,当然是过分且不适当的。

其改变路径一是拓展视野,要认识到只要是你遇到的事,都是人做出的,而广域地看,只要是人做出的事都是正常的,也是你可能在类似情境下做出的。以这样的视角重新看待过往以打开过往对心理、思维与行为的局限。二是提高思维能力,拓展思维空间、获利空间与行为空间,获利一多,自然就不怕小的损失,甚至会主动性地做出小的失去而获得更大的回报,就会豁达且不钻牛角尖了。是人都愿意牛一把,所谓不愿意豁达或不愿意改变,只是一个预期收益与即期成本的权衡比较问题,或者从心理上讲,是一个当下折腾自己的快感的失去与预期折腾他人的快乐之间的量的对比问题。一旦思维能力提高了,看到了远大于当前的收益与快乐,自然会享受豁达与愿意改变了。

### 问题23:平常抱怨多怎么办?

**答**:抱怨多根源在缺乏拼争的意识、精神、技巧与收益。拼争是动物的本能,不管遇到什么人或事,第一步是决定"斗还是逃",第二步是"如何斗"与"如何逃"。至于对某一状态、状况或局面的"抱怨",是因缺乏或不具备对形成这一状态、状况和局面的人与事的拼争的意识、精神与技巧,也可能是由于胆怯而被动采取的消极"回避"或"躲避",但又贪图或放不下其中的诱惑或好处而产生的某种心理失衡的外部表达。因此想少抱怨是不能强迫的,因为抱怨多说明心理弱势,而心理弱势既无力强迫外部也无力承受强迫。

**问题 24：实习时是不是应该和公司员工和领导打好关系，为今后的留职做准备？**

答：实习最大的误区就是为了想"留下来"而巴结、奉承、迎合上司甚至老员工，以致迷失自主性思维，或过于努力以致"使过劲儿"而悲情得让人厌恶。签约还有大半年时间，能否留下取决于实习时的状态，而不是一开始如何。而实习时的状态取决于你做过什么事、你有能力做什么事、你将来能做什么事。实习其实就是实践与学习，练的是本事，增的是见识，长的是气势。按这样去做，实习时才会有最好的状态。而思维被"留下来"的想法罩住，处处谨慎小心被动，各样本事出不来，人就没有价值了，反而不易达到目的。

**问题 25：抱着"积极"的心态给管事老师打电话"央求"换专业，可是对方态度很差，根本不在乎。觉得心里不好受和失落，怎么感觉好像是在折腾自己？**

答：第一，这不是折腾自己，是事没成之后的"气馁"。第二，做事总有成败，成喜败馁，是正常反应但无大益处，事后应尽快不馁而第一时间进行总结，如说话的语气、行事方式（不打电话而是直接去，可以给对方更大压力），还有具体技巧等。第三，一种思维，如"积极心态"，在最初都有一个适应、遇挫、总结、提高而后成事的过程。第四，不做事一点儿机会没有，做了才可能有机会。以后都这样做，机会会多很多。第五，事不成但多接触了一个人，多做了一件事，就多一种经历、阅历、能力，积少成多，以后才会敢办事、能办事、办成事。

**问题 26：老师，我一直告诉自己要"活得坚强"，但是老是感觉自己没有坚强起来，这是怎么回事？**

**答**：这让我想起了一件小事：小孩吃药是个难事，有时大费力气药还吃不下去。我的小孩是奶奶带的，刚懂事时有次生病要吃药，小孩不吃，她奶奶问："生病了是不是要吃药？"小孩点头，奶奶又问："吃药有两个办法，一是自己吃，二是硬灌，你选择哪个？"小孩不回答也不吃，于是奶奶就硬灌。如此数次小孩就自己吃了，得到一片称赞与奖励，此后就对吃药"坚强"起来了，还经常在外人面前表演。事虽小，但可看出坚强的几个要素：明事理（这事躲不过）、能做到（不是狗撵飞机的事）、有收益（比别人"牛"及获得物质收益）、要强迫（是逼出来的）。所以坚强并不是空给自己打气，而是需要实实在在、真抓实干的本领的。

**问题 27：为什么会贫穷？**

**答**：在一个共同地域内生活，为什么有人相对财富较多，有人相对财富较少？通过长期观察与研究，发现贫穷者有两个共同点（姑且叫作基因吧）。

贫穷的基因之一：缺乏规则。这是因为规则是一个社会秩序运行的基础，从另一层意义讲，也可以看作"最大获利领域的指南针"。按规则做事，一来是只有这样才可能进入最大的社会性获利领域里获得财富；二来是可以在人与财产两方面得到最大强度的规则的保护。而缺乏规则，两者皆不可得，而且还可能因对规则的违反而被剥夺之前的大量努力与付出，自然就贫穷了。

贫穷的基因之二：不愿改变。人是高级动物，人与动物的区别就体现在"高级"上。动物行为方式的特点是"习性"，相对固定，学习能力弱,这是自然选择的优化结果。而人的行为模式的特点是"随机应变"及"就事论事",即人、事、世这些外部环境在不断变化,自己也必须随之发生相应的变化,才能更好地把握外部环境以更好地生存与发展。人的这种改变主要体现在思维与行为上,而且是一个不断学习、不断规范、不断调整、不断优化的过程。而如果不愿改变,就意味着从人的角度来说,高级性太少,动物性太多,当然就贫穷了。

### 问题28:《FBI读心术》这样的书有用吗?

**答**:畅销书有一个共同的特点,就是刺激"自己折腾自己"而产生强烈购买欲望,貌似有所得,却无实际效果。而经典书,通常是刺激"自己折腾别人",但周期长、成本高、难度大、见效慢,貌似无所得却可以产生切实的、长期的收益。这也是经典书通常不畅销的原因。但要求实效,还是要多看经典书,少看畅销书。心理分析或读心是一个实践性、技巧性很强的技能,看书是学不会的(类似于看拳经学武功),而且由于文化背景不同,书中的很多神情与肢体在中国意义不同。因此养成"分析人"或"读心"的习惯(见一个分析一个),远比看书有效。另外看到一本心理类的畅销书,名字记不得了,最大的问题是在吸引"自以为心理有问题"的读者购买,这种"自助"方式不仅无助于心理状态的改善而且会产生反效果。看心理类的书一定是分析别人的,对别人的分析越广泛你就越正常。

### 问题29:微信头像能反映出什么?

**答**:看了这么多学生的头像,很少有用自己照片的,基本是见不到"打眼""提气""抓人"的,普遍没设计、没气势、没精神,看上去弱弱的、怯怯的、虚虚的,好像大多数都是在掩饰什么,真是怪事。你在掩饰什么?你有必要掩饰吗?你掩饰有用吗?未来是搏出来的,不是躲出来的。赶紧调整吧!趁现在还来得及。或许你会说,人人都这样啊。但正因为人人都这样弱、怯、虚、小家子气,你调整了,有气势、有精神了,不就具备了一种"先天"的优势吗?以后在应聘与竞争中,也就有先手了。

很多同学头像用了证件照,感觉很是有些堂堂正正、亮亮堂堂的意思,在当前"满地"都是"纠结照"的环境下,是一种"正向"的与众不同,很难被人漠视。好像"小家子气""拿不出手"这样的词很难套到这些人身上。这应该是一个练"内功"将来可以"吸引更高层次观众、创造更大价值票房"的态势,也是一个思想心理少了很多"皇帝新衣"式束缚而未来会有更多可能的态势。想起一个不恰当的比喻,相亲前互看照片都是给的"靓照",所以一见面难免"失落"。而如果先看的证件照,见面可能就是惊喜,即使没惊喜,一试言谈举止,可不就"从"了。

### 问题30:怎么打招呼显得真诚?

**答**:一次遇到一个以前教过的学生,一边说"老师好",一边很有些幅度地点头,便直接判断这个学生对我基本上是不感兴趣的。因为如果"突然"见到一位自己感兴趣但有些时间没见的老师,第一时间所有的变化应该是由心而发,这样的反应体现在表情上,而不是肢体上(点头)。还有一次也遇到一个以前教过的好久没见的学生,遇见我的第一反应是肢体不动,而脸上现出"很有些幅度"的惊喜表情,这才是真诚热情的打招呼。说这番话的用意是给大家提供一个借鉴,以后在工作上难免会遇到"老江湖"的领导,能看透你的心思。

**问题31：为什么有些同学很认同老师"利他"的观点但是依然不愿意做呢？**

**答**：主要原因是：不关注、不认同、不愿做。不管什么原因，这种思维都不利于以后生存与发展。人生存与发展所需的资料都要从外部获得，而年轻人无权、无钱、无经验，靠什么获得？仅靠体力与智力就太慢了，必须先期打造一种优化的意识、品质、思维作为"交换资本"，即"利用价值"。意识是乐于"被利用"以拓展"用"的空间与渠道，品质是扎实地支持与行动，思维是理解只有"被用"才可能有"用"。而光想自己，凭自己喜好做事是不利于发展的，对年轻人，"能够"积极支持的关注、态度、品质、思维，都是优质资本。

**问题32：成为"自己人"有什么好处？**

**答**：要认识到，拥有"自己人"是对自己智力与体力的延伸，是获利信息与渠道的拓展，是安全与防护的加强，是情感与心理的支撑。当然，"自己人"也意味着人际关系的复杂与交往成本的上升，但与收益相比，成本是小的甚至微不足道的。这也反映出"进取"与"保守"的两种思维取向，即"强势"与"弱势"的两种心理状态。年轻人无所有，守什么呢？只能守住自己的一种"感觉"。但是进入社会后面对生存与发展的"考验"，这种"感觉"会很痛苦、很无助、很被动。"自己人"的核心是共同利益，方法是寻找、建立、维持共同利益的平台。

但要注意在成为"自己人"之前会出现对人际交往的"警惕心"及"成本收益分析"的思维反应，这是正常现象。在交往之初出现的频度与强度较大，其后会减弱但一直存在。这是因为在成为"自己人"之前需要有这样的一个过程去"摸底"与筛选，成为"自己人"

之后也需要这样的方式来评估是否继续维系以及决定用什么样的形式与方式来维系。

### 问题33：怎样才能"会生活"？

答：很小的时候就有了一个生活样本：一位开羊肉泡馍馆的老头，白袜靰鞋，绸衫绸裤，坐在饭馆前面的树下，一把藤椅，一把蒲扇，一把茶壶，神清气稳。犀利的目光注视着店里店外，发现问题，就用被烟草浸透的声音说几句，话不多，声不高，但整个状态就是那么自在、严整。这种感觉一直存在并对我产生着影响。上大学时就喜欢搬个凳子，拿把蒲扇，带着一个硕大的茶缸，跑到小树林里胡思乱想，感觉很好。所以不是没有什么心境，而是没有生活。而没有生活，也不是年代与地域的问题，而是没有观察与体味生活中的某种质感。要通过生活的样本去体悟生活的质感，再用文化化解融合成自己的生活底蕴，再见人见事见物就会激发出强烈的情绪、情感、情怀和情调了。上大学时，有一次去外地拉被装，四五个同学上一辆大卡车，堵车时看见一个蓬头垢面的小伙子开着一辆拉粪的农用三轮，后面铁箱上铺着棉垫子，坐着一个同样衣貌不光鲜的女孩子。女孩子从衣袋里摸出一个苹果，在衣服上蹭蹭，先把苹果伸到前面，小伙子咬一口，女孩子拿回来自己咬一口，再伸到前面让小伙子咬一口，再拿回来自己咬一口，如此反复。我们在大卡车上狂喊，这才是爱情。"会生活"首先来源于观察生活、体验生活、感悟生活。

### 问题34：不应该活得坚强一些么？

答：法无定法，兵无常势，水无常形。"活"也不应有"定式"。为什么要定个"坚强"的"式"去"活"呢？顺势而为，谋势而动，人势相谐,活得就自在了。当然,能顺势、谋势的基础是有本事,所以不应先有个什么"坚强"的"定式",而是应该练"本事"。有了本事,则视势之如何,需要"坚强"就"坚强",需要"不坚强"就"不坚强",这样就能"取势"了,也能够更好地达到"不应该活得坚强一些么"隐含的意图了。

**问题35:喝酒能体现人的特质吗?**

答:最近参加了几个活动,又想起来以前工作时总结的——牛人酒后一声叹息,怂人酒后一阵吹嘘。两个意思,一是学生可以据此在工作之初或刚实习时判断老员工的底,而不被其语言、架势"吓"住、忽悠住。二是虽然现在还做不了牛人,酒后还没东西叹息,但一定不要先有怂样:酒后吹嘘,心志懈怠,鄙薄浅陋,惹人反感。领导看在眼里,这个人就没有什么大的利用价值了。因此酒后要有"德",要有自制力,类似"一言不发"是年轻人酒后最佳的表现。酒后不乱,光这份心性、定力,就值钱了。

**问题36:网上流传着这么一段话:"能耐得住寂寞的人,肯定是有思想的人。能忍受孤独的人,肯定是有理想的人。遇事能屈能伸的人,肯定是有胸怀的人。处世从容不迫的人,肯定是个淡定的人。经常微笑的人,肯定是有头脑的人。看透天下事的人,肯定是个有智慧的人。"您觉得说得有道理吗?**

答:基本是胡说。其一,有思想的人吸引力大,和者众,自然不会很寂寞,有思想却不对路数的人才寂寞。其二,有理想的人,要成其理想,自然要抓资源人脉,如何会孤独?空想的人才孤独。

其三,心胸狭窄的政客类人物多能屈能伸,但无胸怀。心怀大众福祉才有胸怀,却未必能屈能伸。其四,一是处世,从容不迫需要能力;一是为人,欲望不强即可淡定。其五,无能的人也会经常微笑,以此换取他人善意。而有头脑的人通常会"不怒自威"以节省做事、驾驭人的成本及提高效益。其六,这个当然,只是古今中外,有几人能看透天下事?

**问题37:在面对名校的学生时,我会自我感觉有种不自信,难道我们真的比不上清华北大这些名校的学生吗?**

**答:** 其他学校,尤其是普通高校,要想超越清华北大,几乎会被认为是个"不可能完成的任务",从常规思路上看是这样的。但假如这些学校的学生,人人如狼似虎,个个奋勇争先,不畏艰险,不怕磨难,则这种气势与精神,及由这种气势与精神激发出来的智慧与能量,会极大弥补教育的不足,还会对一切对手形成极大威慑,而使超越成为可能。而且,英雄不问来路,管他以前如何,眼睛只须盯着未来的天下,好好把握现在!再说,学校不给力,你就不奋进了?切记,虎牙狼爪,都是自己长出来的。

**问题38:每次上课都发现自己有很多弱点,这样的状态好吗?**

**答:** 思路不对。应该把注意力放到每次能学什么本事或有什么收益上去。这样本事上去了,所谓的弱点自然就不存在了,其结果是既有本事还无弱点。而盯着所谓的弱点,一是不易改,二是即使改了,其结果是在同样的时间段只改了弱点,而本事提高不大。两种思维的结果与产生的效果是完全不同的,因此注意力要向上、向前。

**问题 39：为什么说有本事的人通常道德感低，但道德水平较高？**

答：这是中国传统文化与教育的一个特殊现象。道德感与道德水平成反比，即满口仁义道德者往往干出下作事，而言行世俗真实者往往在关键时候能经受住考验。这是因为传统文化道德通常是倡导禁欲的，道德感越强则人的本性与欲望受到的压抑越甚，压抑越甚则积蓄的需要释放的"能量"越大，遇到大的诱惑则在"能量"推动下不易控制自我而释放。而有本事的人能够得到足够的物质与精神满足，对道德有更深刻的理解，更倾向于做有道德的事，在关乎人性的关键考验面前更易顶得住。

**问题 40：为什么有些同学喜欢"折腾自己"而不是从外部现实环境中得到快乐？**

答：这有两个原因。一是从外部现实环境中得到快乐是一种"实在的满足"，而习惯于"折腾自己"得到幻念满足的同学难以适应这种"实在的满足"。放弃"折腾自己"转而从外部环境中得到快乐，要舍弃长久以来的得自"幻念"的满足，而真实的快乐又不是当下就能得到（要学习本事、转变思维，实施行动后才能得到），因此在这个转变过程中会因为少支撑多痛苦而放弃。二是从外部现实环境中得到快乐，要具备一些知识文化、勇气斗志、办法计谋，甚至气度手笔，成本高、见效慢。而"折腾自己"却成本低、见效快。虽然这两种效果截然不同，但也会拒繁难而取简易。

**问题 41：实习要注意什么？**

答：其一，实习第一周遇到的事都不要和人讨论，自己琢磨。其二，多观察人与事，多动手做杂事与体力活，多到上下左右各个部门去跑跑、看看人。其三，不要急于发表自己的意见，想一想再说，说的时候分一、二、三……表达。其四，多听（任何内容）、多记（上级指示、感到"诧异"的人与事、有特点的人的特征）、多想（是什么、为什么、怎么办）。其五，闲了多看看公司的资料（规章制度、工作与管理流程、问题及其解决方法等）。其六，研究高管，至少要研究你直接上级的上级以上级别的领导。

**问题 42：做派是什么？**

答：做派其实是形象的一种，是人在自然状态下，或者是在无功利目的状态下"自然"向外部并可以对外部造成影响的一种信息流露。如果产生有利的影响就是做派好，反之就是不好。即自己的做派要根据实际效果来评价，而不能自以为是，更不能东施效颦地去装。但是做派与形象也有很大区别，形象包含服装、配饰这些硬件，而做派不包括硬件，完全依靠表情、动作、眼神、语言这些软件来体现，但体现的是真正的实力。所以装不来，是思维、事理、手段的融会贯通与升华。

**问题 43：如何与拘谨的人打交道？**

答：遇到拘谨内向的人，你表现得比对方更拘谨内向，对方就放开了，易于交往，甚至还会主动给你提供方便。因为拘谨内向的人对外向开朗的人与热闹的场合最敏感，你越热情、积极，会让拘谨内向的人越收缩而难以接近与交往。而遇到比自己更拘谨内向的人,他们则会处于相对松弛自如的状态,变得易于打交道。另外,与拘谨、内向、敏感的人长期交往,不在意对方的感受或想法,反而可以处得比较好。

**问题44:如何才能不失去个性?**

**答:** 经常被问这个问题。原因是大家误以为个性是自己构建、表演、打造出的,甚至总想让人认为自己有个性。这就把个性当作获得外部关注的"行头"与工具了。其实个性本质是使自身客观条件产生最大收益的思维与方法论的外在表现,即个性状态主要由自身客观条件,对人、事、世的认知水平,以及"动手"能力决定。因此刻意突出、保持、打造某种个性只能说明肤浅,并会制约自身的提高。个性不看"自我表现",而是体现在"对象"(人、事等)的改变上,即你用什么言行让对象产生了什么变化。

个性不用展现,而是体现在你做了什么事、怎么做的事以及做之后这个事产生了什么效果。之所以是个性,是说每个人的客观条件不同,因此从自身客观条件出发为自己获得最大收益的思维与方法也就不能相同,所以就个性了。因此个性强的"大家"或"高手"展现出来的反而不是个性,而是沉稳与喜怒不形于色这样的共性,等到一"出手"才知道其个性是什么。

也可以换一种说法,真正的个性,或者说一个人是否有真正的个性,取决于你的"收益率"与你所处的生存环境的"平均收益率"的相对比较。即你的"收益率"高于与你所处的生存环境的"平均收益率",你就会有个性。否则,就没有个性。而大学由于不涉及"收益率",因此大学生"讲"个性的实质一般是空谈,非但无益,甚至还会产生误导。

**问题45：如何与人亲近？**

答：首先，亲近不是交朋友，更不是要打得火热，是最低成本、最有效率地营造一个有利的环境、关系、铺垫的手段。亲近的要诀：一是体恤。要理解他人的苦衷与不易，并点出来。二是掏心。用"示隐私于人"来显诚意，当然未必是真的。三是找共鸣。先观察摸底判断，再在观点、情感、爱好或追求上产生共鸣，会获得较高认同度。四是务虚。尽量避免物质尤其是金钱的来往，以免交往庸俗化，甚至引起警觉。五是出力。尽可能为对方做些体力活，精神价值很大。六是不苟同。不迎合对方，有主见、有形象、有距离、有不同，才会有真实感。

**问题46：奋斗在事业的一线和拥有享乐精神，这两者互相排斥吗？**

答：把事业与享乐对立起来了，这个思维误区应该改！事业与享乐怎么会相互排斥呢？奋斗本就是一种符合人本能需求的精神上的愉悦。享乐精神能促进事业，而事业发展也给人带来了更大的精神享乐。把事业、奋斗与精神享乐（我说的是精神享乐，不是享乐）隔离开，这种苦哈哈的人生不可取。

**问题47：如何给人留下好的第一印象？**

答：第一，这个问题简单化了，不同的人有不同的敏感点与判断标准，不能一概而论。第二，留下印象的目的是什么？好的第一印象能否更好地实现这个目的？第三，好的第一印象会使对方产生更高的预期，而后续跟不上达不到这个预期则可能效果更差而无助于实现目的。第四，要围绕目的"全寿命周期"思考与设计"第

一、二、三、四……乃至最后印象"。第五,不好的第一印象也是一种选择,会与好的第二、三、四……印象对比,产生比好的第一印象更大的正向"感觉差",而得到更好的总体印象。第六,印象好坏是次要的,是否做出符合对方需求的实绩是最重要的。

### 问题48:如何享受生活?

**答**:享受生活的核心是发现生活中处处都有的美好,雨中的漫步、湖面的鸳鸯、夜空的繁星,甚至待耕的泥土、抒情的诗歌、窗外的绿色,都是自然、真实、有生命力的美好。要精神享乐,精神享乐的核心是情感的释放与接受。他和她一瞬间的眼神相对却掀起内心的波澜;他和她片刻的相视一笑却留下甜蜜的回忆。他和她并不需要认识,他和她只是随机出现,他和她对他和她来说其实是她们和他们,但他和她都在琢磨着、快乐着、回味着那一瞬间与片刻,以及,这一次会是谁?

### 问题49:为什么有人说话很"难听"?

**答**:说话难听有几个原因。一是从小缺少这方面教育。二是太自我,摆不正自己位置更不知道社会现实与人际交往的规范。三是心理弱势、自卑,养成用恶言恶语刺激外部获得关注(即便是负面关注)与心理兴奋的恶习。言语不当既会失去机会又会带来风险。

话不难听,要做到"三想"。一是想你是和谁在说话;二是想你的话说出去对方的反应是什么;三是想这个话还能怎么说。如果你说话之前从来不想这些,那你的话通常是"难听"的,你通常是不会说话的。而如果想到了,那这话就难听不到哪里去了,你也就逐渐"会说话"了。

### 问题50：绩点与奖学金重要吗？

**答**：当前学生中有两个论点很要不得。一个是绩点论，说在大学是要看绩点的，可是人一生中在大学的时间只有四年，能为了这四年就影响其后的四十年吗？另一个是奖学金论，说成绩好可以拿奖学金。可奖学金充其量也就是将来一个月的收入，能为了这一个月的收入就影响将来一生的收入吗？过于钻到绩点论、奖学金论里，就会忽视或得不到能使其后几十年乃至一生过得好所需的知识、本事与修养的学习、锻炼与养成。其害甚大！

学习和绩点并不矛盾。绩点应该是学习结果的自然反映，而不是为了绩点去学习。由于教育体制的问题、课程设置与社会需求脱节的问题、老师教学与教材水平的问题，上课可能不能真正反映学习的本质，考试也不能真正反映学习的水平和本事的高低。因此要不受绩点的制约而真正地学习，学对自己的生存与发展、对社会真正有用的东西。

### 问题51：为什么我不喜欢与强者交往？

**答**：不喜欢与强者交往可能是没找到强者的弱点，甚至没有找弱点这种意识。把自己局限在自我封闭的圈子里了。其实找弱点本身就是一种真实、快乐和力量，进而干预弱点就是更大的快乐与力量，再能掌控弱点营造一个利他利己的环境与氛围，那就是更大的快乐与力量。现在很多学生怕冲突、矛盾、出头，各种怕，其核心是从小被家庭与学校局限而未能感受冲突、矛盾、出头中的快乐与力量,潜意识是怕打破"自我"这个可能是唯一能够得到心理兴奋与快感的自我系统而不愿与人竞争。与强者交往可以先从找强者的弱点开始。

### 问题52:为什么我不被领导理解?

**答**:经常听人抱怨:"领导不理解我!"其实领导不是不理解你,是没有必要理解你、没有兴趣理解你!双方职位权力、责任职能的差异决定了下级必须按上级的思路办事,也就是说不要在事后抱怨"领导不理解我",而应在事前就想:"做什么,怎样做,才能让领导理解?"

### 问题53:为什么在学校里要与老师交往呢?

**答**:在所有的社会评价体系里,与老师交往都不是庸俗的,因为没有利益往来。在学校里与老师交往进而形成一种亲切、自然、大方、不功利的人际交往范式,将来工作了"移植"到与领导(上级、老板)的交往中,甚至以师道待之,才能做到不俗不媚、公私相宜,既有形象,又得实惠,还少物议。效果多好!而大多数学生上学时忽视老师,一心功利。这样在工作后在与上级的交往中易走功利、庸俗的路子,会被那些老江湖看得"底掉",只能被利用,不会被提拔,更遑论得到自己人的好处了。

### 问题54:为什么说"语言可以粗俗,举止必须优雅"?

**答**:因为语言是手段,而举止是修养。举止粗俗说明一个人缺乏修养,或者最起码不知道什么是"上层次"的,也间接反映一个人的精神层面。而语言是最重要的交流手段,为了效果是可以"不择手段"的。实际上很多名人都是语言粗俗、举止优雅的(当然是在非正式场合)。比如肯尼迪,出身巨富名门,与身边的朋友,尤其是那些有智慧没财富的朋友会天然地产生一种隔阂,肯尼迪的方法就是在非公开场合用粗俗的语言,甚至用"有色笑话"来"拉低"自己的身份,"拉近"与朋友的距离,以获得更广泛的支持。

**问题 55:看演出时误坐了前面的"嘉宾专座",后被人赶走很尴尬,怎么办?**

**答**:这不是什么大事。如果对方只是提醒,那离开就是了;如果对方直接让你离开,那盯着他看 2 秒,然后"淡定"而"关心"地问:"怎么回事?"等对方说完后你说:"原来是这样。"然后离开。如果对方态度不友好,你盯着他看 3 秒,然后"淡定"而"关心"地问:"别着急,慢慢说,你说快了我都听不清楚了,是怎么回事呢?"等对方说完后你说:"原来是这样。"然后离开。如果男生和女生在一起,怕丢面子了,那就在说之前先问旁边的女生:"这人是谁?"然后再说下面的话。由此可以形成一个应对尴尬的模式:先问"怎么回事",再回"原来是这样"。这样没什么风险,为什么不试试呢?

**问题 56:宿舍 4 个女生,为什么总是我做打杂的事?**

**答**:首先,宿舍 4 个人里面你对相貌的"自我评价"应该最低(无关实际长相,是指自我评价的"值")。其次,你的父母对外性格平和,过于强调与人为善,对你的指责却有些多,对你未来的规划多而指点少。

所以你缺乏"存在感",而为他人做打杂的事会让你感受到他人的需要而给自己"定位",以获得存在感。你应该从研究他人做起,虽然这对你而言极为痛苦,但这是正常且必需的事。最好从研究你宿舍的同学开始,你会产生新的想法与方法,以后就不会总打杂了。